4차 산업혁명의
미래를 설계한다

대한산업공학회 지음

청문각

머리말

미래의 속성은 한마디로 '불확실성'에 있습니다. 따라서 본 서의 제목에서 '미래를 설계한다'는 말은 이런 의미에서 완전한 모순이라고 할 수 있습니다. 어떻게 불확실한 미래를 이미 확정적인 상황을 전제로 설계한다는 말인가요! 특히 21세기 이후의 산업사회는 불확실성 그 자체라고 할 수 있습니다. 시시각각 변하는 경제지표, 전문가조차 따라잡기 힘든 빠른 변화의 첨단기술, 갈수록 단축되는 제품 수명 주기, 사실상 예측자체가 용이하지 않은 소비자 취향 등은 미래 산업을 더욱 불확실하게 만드는 요인들입니다.

이러한 미래의 불확실성을 공감한다면 미래는 설계하는 것이 아니라 준비한다는 것이 보다 정확한 표현이라고 할 수 있을 것입니다. 그럼에도 불구하고 미래를 설계한다는 것은 불확실성에 대비하자는 것이 아닌 불확실성에 관계없이 미래를 우리가 생각하는 옳은 방향으로 이끌고 의도적으로 만들어가자는 적극적인 의미의 행동을 내포하고 있는 것입니다.

본 서는 4차 산업혁명이 가져올 미래를 가정합니다. 현재 일어나고 있는 산업적 변화가 정말 4차 산업혁명에 해당하는 지는 의견이 분분하지만, 본 서의 저자들은 이에 상응하는 새로운 기술들을 미래 설계의 핵심기술로서 받아들이자는 생각에서 출발하였습니다.

따라서 본 서에서 소개하는 기술들이 미래를 선도하는 핵심기술들로 계속 발전할 지 아니면 빛을 발하지 못하고 서서히 사라질 지는 아무도 모를 일입니다. 다만, 이러한 기술들을 이용하여 설계할 수 있는 미래가 분명히 존재할 수 있고 산업적 유용성 또한 매우 크다는 것을 저자들은 강조하고 싶은 것입니다.

본 서에서 소개하는 분야 및 사례에 관련된 기술들은 현재 4차 산업혁명의 핵심기술들이라 일컫는 것들로서 빅데이터 애널리틱(Big Data Analytic), 인공지능, 3D 프린팅, 사물인터넷, 스마트 그리드, 스마트 팩토리, 증강현실, 사이버-물리 시스템(Cyber-Physical System), 블록체인 기술, 시스템 최적화 기술 등입니다. 본 서는 2부로 구성되어 있는데, 1부에서는 4차 산업혁명 기술들의 주요 분야를 소개하고, 2부에서는 이러한 기술들을 이용한 사례들로 구성하였습니다. 기술 자체는 독자적으로 연구되는 분야별 학문적 영역이 있으나, 독자들은 2부의 사례들을 통해 이러한 개별 기술들이 어떻게 조화롭고 효과적으로 이용되는 지를 이해하게 될 것입니다. 이러한 기술들의 체계적인 이용, 시너지 효과의 창출, 시스템적인 접근 방식, 자원들의 이용 효율성의 극대화 등이 산업공학의 학문적 응용 영역입니다.

비록 산업공학의 측면에서 본 서를 구성하였지만, 본 서는 4차 산업혁명의 미래에 관심 있는 모든 이들을 대상으로 한다는 것을 강조하고 싶습니다. 미래의 나의 전공을 선택하는 기로에 서 있는 청소년, 미래 산업에서의 본인 전공의 역할과 향후 취업 및 진로를 고민하는 대학생, 기업 현장에서 효율성을 높이고자 하는 부서의 구성원 등이 모두 대상이 됩니다. 이 분들에게 본 서가 조금이나마 자신들의 미래를 설계하고 현재의 업무에 도움이 된다면, 본 서의 저자들에게 더 할 나위 없이 보람과 의미가 있을 것입니다.

무엇보다 본 서를 집필하는 데 기꺼이 공감하고 동참해 주신 모든 저자 분들에게 깊은 감사를 표하고 싶습니다. 특히 한양대 신동민 교수님은 저와 같이 원고 기획과 편집에 이르기까지 많은 헌신을 하셨습니다. 또한 본 서가 출판될 수 있도록 물심양면으로 적극 지원해 주신 대한산업공학회 이태억 회장님(KAIST)을 비롯한 학회 임원 및 정효경 학회 사무국장님께 큰 고마움을 전하고 싶습니다. 끝으로 본 서의 편집과 교정에 세세한 관심과 촉박한 일정임에도 출판의 결실을 맺게 해주신 청문각 관계자분들께도 심심한 감사를 표합니다.

2018년 11월
책임편집, 연세대 산업공학과
정봉주 교수

추천의 글

최근 4차 산업혁명에 대한 관심과 기대가 커지고 있습니다. 인공지능, 빅데이터, 자율주행차, 사물인터넷, 블록체인, 드론, 양자컴퓨터, 스마트 팩토리 등의 가속적인 기술혁신이 산업생태계와 사회를 크게 변혁할 것이라고 합니다. 이제 우리는 기술, 산업, 경제, 사회적 이슈가 결합된 복잡하고 불확실한 융합적 문제에 도전해야 합니다. 인공지능은 인간의 육체적 업무 뿐 아니라 고도의 정신노동, 의사결정, 전문직 업무까지도 자동화하고 있습니다. 많은 전문가들이 신기술의 멋진 미래 비전을 이야기하고 있습니다. 그러나 정작 우리는 풀어야 할 문제가 무엇인지 정확히 모릅니다. 중요하고 가치 높은 융합적 문제를 찾아내고 명확하게 정의하고 설계하면 해결은 어떻게든 가능합니다. 복잡하고 불확실한 융합적 문제의 식별 및 정의는 산업공학 전문가들이 가장 잘 할 수 있습니다.

  "4차 산업혁명의 미래를 설계한다-산업공학"은 빅데이터, 인공지능, 사물인터넷 등의 4차 산업혁명 시대의 대표적인 신기술과 산업공학의 다양한 혁신기법을 활용하여 제조 및 서비스를 혁신한 사례를 소개합니다. 기업이 당면한 중요한 문제를 창의적으로 찾아내고 명확하게 정의한 후에 해결 과정을 체계적이고 생생하게 전합니다. 4차 산업혁명의 막연한 구호나 피상적인 개념 소개가 아니라 구체적인 실제 사례를 통해 향후 우리 기업들이 나가야 할 방향과 전략을 명확하게 제시합니다. 멋지게 보이는 기술에 문제를 꿰어 맞추는 것이 아니라, 문제를 먼저 명확히 정의하고 적절한 기술을 효과적으로 적용하여 개선, 혁신하고 가치를 창출하는 모범을 보여드립니다. 국내 최고의 전문가들이 집필하여 알찬 내용이 많습니다. 산업계, 학계에 계신 분들과 학생들에게도 일독을 권해드립니다. 집필진 여러분께 깊이 감사드립니다.

2018년 11월
대한산업공학회장, KAIST 산업및시스템공학과
이태억 교수

차례

1부
분야 소개

1부

분야 소개

CHAPTER 01

3D 프린팅이 가져올 제조 혁명

UNIST 김남훈 교수

최근 기술의 발전은 여러 분야에서 우리들의 삶에 영향을 주고 있다. 인류가 존재하는 한 무엇인가를 만들어 내는 제조 기술은 우리의 삶에 필수적이라 할 수 있다. 4차 산업혁명의 큰 흐름은 전통적인 제조 방식을 바꾸고 있고, 제조 기술은 획기적인 변화에 직면해 있다. 본 장에서는 3D 프린팅 기술에 대한 소개와 산업공학의 주요 분야인 제조 기술에 최신 3D 프린팅 기술이 어떻게 영향을 주고 있는지에 대하여 소개한다.

4차 산업혁명, 그리고 우리나라의 3D 프린팅 산업

1996년에 1편이 상영된 이후, 벌써 20년 넘게 우리를 열광케 하고 있는 영화 '미션임파서블'은 남녀노소를 막론하고 화려한 영상에 매료되게 한다. 이 영화에서는 미래에나 가능할 법한 첨단 기술들이 심심치 않게 소개되고 있는데, 기억에 남는 한 장면으로 주인공이 다른 인물로 변장을 위해 첨단 장비를 이용하여 3차원 가면을 만드는 장면을 보여준다. 관객들은 상상 속에서나 가능한 기술이라 생각하겠지만, 바로 3D 프린팅 기술의 가까운 미래의 모습이라고 생각하면 정말 놀라운 일이다.

바야흐로 4차 산업혁명의 시대가 열렸다고 해도 과언이 아닐 정도로 4차 산업혁명에 대한 이야기는 주변에서 심심치 않게 회자된다. 그 중심에 제조업과 제조현장의 혁신이 반드시 이야기되고 있고, 또한 3D 프린팅 기술은 인공지능과 함께 4차 산업의 핵심 기술로 주목받고 있다. 실제, 3D 프린팅 관련 기술과 시장은 세계적인 주목을 받으며 폭발적인 성장을 거듭해 왔다. 3D 프린팅 장비, 재료, 소프트웨어와 관련 서비스를 모두 포함한 시장은 2019년도에 약 120억 불(약 12조 원)에 육박할 것이고 매년 30%가 넘는 성장이 기대된다. 특히 제품 관련 시장과 동일한 규모의 서비스 시장도 창출되고 있음을 볼 때 3D 프린팅이 가져올 제조업과 제품 서비스 시장의 변화가 상상 그 이상일 것으로 기대된다. 하지만 안타깝게도, 현재 우리나라 3D 프린팅이 세계 시장에서 차지하는 비중은

3.7% 정도(2017년 기준, Wohlers Report(2018))로, 4차 산업혁명을 준비하는 IT 강국 혹은 제조업 강국이라는 말이 부끄러울 정도다.

3D 프린팅 기술의 과거, 현재, 그리고 미래

흔히 우리가 이야기 하는 3D 프린팅 기술은 과거에 '쾌속 조형(Rapid Prototyping)'이라고 불리기도 했다. 하지만, 최근 들어 '적층제조(Additive Manufacturing)'라는 표현이 더 일반적인 것으로 인식된다. 이 기술은 3차원 형상만을 제작 가능한 데서 시작하여, 현재는 다양한 소재 물성과 신뢰성까지 고려한 기능성 제품의 직접 제조까지 확장되고 있다. 특히, 최근 탄소복합소재나 금속 성형이 가능한 고성능 장비의 개발과 보급이 이러한 흐름을 가속화시키고 있다. 이제 더 이상 3D 프린팅을 '전시용 샘플을 만드는' 과정으로만 볼 수 없는 이유인 것이다.

3D 프린팅 기술은 1980년대에 그 개념이 처음 제안되어 1980년대 말, 최초의 상용 3D 프린터가 시장에 나오게 되었다. 1986년, Chuck Hull에 의해 최초로 특허 출원된 기술인 Stereolithography (SLA)는, 1988년 미국 3D Systems 사에서 출시되었다. 이후 1989년, S. Scott Crump에 의해 특허 출원된 Fused Deposition Method(FDM)은 미국 Stratasys 사에서 출시되었다. 현재 3D systems와 Stratasys는 세계 시장에서 가장 영향력 있는 3D 프린팅 기업으로 성장해 있다.

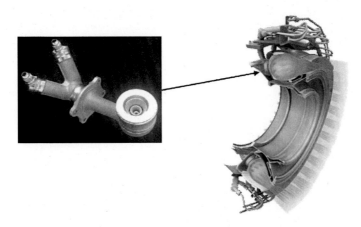

그림 1-1 미국 GE 사의 제트 엔진용 3D 프린팅 leap fuel nozzle

　최근 생산/제조 분야에서 3D 프린팅 기술의 의미는 매우 중요하다. 비록 4차 산업혁명을 논하지 않더라도, 아이디어에서 제품 생산까지의 과정이 놀라울 정도로 단축되는 것은 물론, 디자인과 설계의 관점이 180도 달라져 기존에 볼 수 없었던 획기적인 디자인의 적용이 가능해지고, 초경량 생체 모사 구조와 같이 이론상으로만 존재하는 최적 구조의 구현과 함께, 다양한 형태의 제품을 복잡한 조립 과정 없이 한 번에 생산하거나 복합소재의 동시 적용이 가능해진다. 놀랍게도 이러한 기술의 활용은 이미 우주항공 분야, 자동차 산업 분야, 첨단 전자 산업 분야에까지 널리 확산되어 있다. 몇 가지 예로, GE 사는 이미 2016년 세계최초로 항공기의 연료분사노즐(leap fuel nozzle) 22개 부속품을 단일부품으로 3D 프린팅 생산하여 엔진 장착에 성공하였고〈그림 1-1〉, 2020년까지 항공용 엔진

그림 1-2 미국 Local Motors 社의 3D 프린팅 전기차, Strati(좌) / 3D 프린팅 자율주행버스, Olli(우)

에서 3D 프린팅 생산 부품의 수를 100,000개까지 늘릴 계획이라고 한다. 지난 2014년에는, 국제 생산기술 박람회에서 '로컬모터스(Local Motors)'라는 회사가 3D 프린팅 소형 전기차 스트라티(Strati)를 선보이기도 했다〈그림 1-2〉. 고속도로를 달릴 수 있을 정도의 수준은 아니지만, 3D 프린팅 차체 제조에 걸린 시간이 단 이틀, 디자인부터 차량 완성까지는 7일 이내에 가능하다고 하니, 이제 개인이 원하는 차를 직접 디자인하고 만들어보는 시대가 곧 열릴 것 같다는 생각이 든다. 이 회사는 2016년에 3D 프린팅으로 제작된 자율주행 소형 버스를 대중에 공개하기도 했다. 가까운 미래에 비행기나 자동차와 같은 운송수단의 제조에 3D 프린팅 기술은 필수가 될 것으로 보인다.

이러한 사례들 외에도 건축, 가구, 의류, 신발, 의료 등등 다양한 분야에서 이미 우리 주변에 3D 프린팅 기술은 알게 모르게 널리 쓰여지고 있다. 미래 3D 프린팅 활약은 더 기대가 된다. 3D 프린터를 이용한 우주기지 건설 프로젝트도 기획 중이고(ESA, 유럽우주국), 인공장기를 만들기 위한 줄기세포 3D 프린팅 연구도 전세계에서 활발히 진행되고 있다.

3D 프린팅, 그렇다면 무엇이 중요하고, 어떻게 대비해야 하나?

빠른 기술 발전과 수요 시장의 성장 속도는 3D 프린팅의 미래를 감히 예측할 수 없게 하고 있다. 하지만, 확실한 한 가지는 3D 프린팅 기술로 인해 제조업 현장과 우리의 일상 환경에 많은 변화가 있을 것이고, 우리도 그 변화를 받아들일 준비가 되어야 한다는 사실이다.

국내의 현실은 미국, 독일, 일본 등 해외에 비해 다소 열악한 것이 사실이다. 해외에 비해 우리나라에서 3D 프린팅 기술이 적용되는 부문은 상대적으로 제한되어 있는 상황이다. 이는 산업용 3D 프린팅 기술에 대한 원천 기술(여기서 원천 기술은 장비와 소재의 특허에 국한된 것이 아니고, 그 응용에 대한 부분을 포함)의 부재와 한정된 수요 시장 때문이라는 분석이 지배적이다. 무엇보다 먼저 제조 현장에서 3D 프린팅 기술에 대한 이해와 응용에 대한 창의적인 발상과 시도가 필요할 것이다.

3D 프린팅은 단순히 기존의 제작 방식을 대체하는 기술이 아니다. 시스템을 디자인하고, 설계하고, 재료를 선정하고, 제작하고, 마지막으로 제작된 시스템의 신뢰성을 검증하는 모든 과정이 3D 프린팅 기술로 인해 바뀌어야 할 필요가 있다. 특히 설계/디자인 분야에서는 3D 프린팅 기술의 장점을 극대화하는 방법론인 'Design for

Additive Manufacturing(DFAM)'의 중요성이 강조되고 있다.

Generative Design(생성적 디자인/설계 방법)과 3D 프린팅

인간이 만들어내는 것들은 자연이 창조한 것들과 근본적으로 다르다. 하지만, 인간은 끊임없이 자연이 만들어내는 경이로운 결과들을 참고하고 모방하여 발전해왔다. 인류는 새의 비행을 모방하여 비행기를 만들었고, 하늘을 날고자 하는 꿈을 실현했다. 자연으로부터 해답을 얻었다고 볼 수 있는데, 실제 비행기 날개의 형태와 그 뼈대의 설계를 보면 새의 그것과 유사한 부분이 많다. 새 날개 뼈의 단면 구조에도 재미있는 사실 하나를 발견할 수 있다. 겉은 매우 단단하지만, 속은 거의 비어있어 매우 가볍다. 또한 내부는 복잡한 격자로 보강되어 있어 충격과 하중을 잘 견딜 수 있게 되어 있다. 실제 이러한 구조는 항공기 날개와 동체, 자동차 차체, 건축물의 골조와 같은 경량/강화 구조 설계에 널리 적용되고 있다.

생성적 디자인이란 자연에서 생물이 진화하듯이 환경이 주는 제한과 자극에 맞추어 점진적으로 진화하듯 반복적으로 설계나 디자인을 진행하는 과정을 말한다. 앞서 이야기한 새의 날개 뼈는 새의 비행에 적합한 방식으로 가벼우면서 강한 형상을 갖기 위해 조금씩 진화하여 비행 조건에서 가장 가벼우면서 강한 방향으로 최적화된 결과라고 볼 수 있을 것이다. 특히, 이러한 생성적 디자인 방법은 기존에 우리가 사용하던 규칙기반(Rule-based) 설계 방법과는 다르

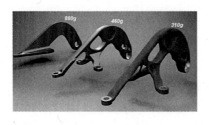

그림 1-3 Generative Design 사례: 재료 살빼기를 통해 요구 강성은 유지하면서 경량화할 수 있는 방법을 제시

게 매우 복잡한 설계 문제를 환경의 한계/경계 조건들과 함께 수학적으로 표현할 수 있다. 특히, 기계 부품이나 구조물의 설계에서 수학적 계산으로 최적의 형상을 유추해내는데 쓰이는 방법을 위상최적화(Topology Optimization)라고 하는데, 이것은 재료를 공간상에 어떻게 분포시켜야 가벼우면서 가장 강한 구조를 만들 수 있는가를 컴퓨터로 시뮬레이션할 수 있는 방법이다〈그림 1-3〉.

이렇게 생성적 디자인 방법이나 위상최적화 방법이 제시하는 해답은 이상적이지만, 현실에서 구현하기가 힘든 경우가 많다. 새의 뼈나 소라 껍질과 같이 자연이 만들어내는 이상적이고 아름다운 구조를 인간의 손으로 만들어내고자 한다면 너무 많은 시간과 노력이 들지 않을까? 기존의 어떤 제조 공법이 이렇게 최적화된 '생성적' 구조를 한 번에 만들어낼 수 있을까? 아마도 3D 프린팅 기술이 4차 산업혁명의 주요 기술이 될 수 있는 이유 중에 하나가 바로, 생성적 디자인의 결과를 현실로 만들어주는 가장 빠르고 쉬운 방법이기 때문일 것이다.

DFAM(Design for Additive Manufacturing) : 적층제조 적합 설계

적층제조는 그 사용 방식에 따라 가능한 소재의 종류와 구현 가능한 형상의 제약이 있기는 하지만, 다양한 소재를 동시에 첨삭할 수 있고 위치나 방향에 상관없이 아무리 복잡한 형상이라도 만들어낼 수 있다. 이러한 3D 프린팅 방식은 자연에서 생명체가 세포를 분화시키며 성장하고 진화하는 방식과 매우 유사하다고 볼 수 있다. 즉, 생성적 디자인의 개념이 3D 프린팅에서 구현 가능한 기술과 완벽하게 호환되는 순간, 그동안 존재했던 제조 활동에서의 제약이 사라진다고 볼 수 있다. 즉, DFAM(적층제조 적합 설계)은 3D 프린팅 기술의 장점을 최대한 활용하여 제품의 제조에 활용하는 방법이다.

일찍이 3D 프린팅 기술은 기존 산업의 패러다임을 바꿀 것이라는 기대를 받아왔다. 아이디어에서 제품 생산까지의 과정이 놀라울 정도로 단축되는 것은 물론, 디자인과 설계의 관점이 180도 달라지게 되어, 기존에 볼 수 없었던 획기적인 디자인의 적용이 가능해지고, 최적설계를 통한 경량/고강성 구조의 구현, 복잡한 형태의 제품을 복잡한 조립 과정 없이 한 번에 생산하거나 복합소재의 동시적용이 가능해지는 등, 3D 프린팅 기술로만 가능한 혁신적 설계 방법의 생산 적용이 가능하다. 이를 우리는 DFAM이라고 하며, 3D 프린팅 기술의 장점을 극대화할 수 있는 설계 및 엔지니어링 접근 방법이다. DFAM은 기존의 DFM(Design for Manufacturing)에서 진보된 개념으로, 기존의 설계와 제조 과정에서 마주치는 공정상의

그림 1-4 DFAM으로 극복가능한 설계/제조의 문제들

제약들을 극복하는 해법을 제공할 수 있다는 점에서 큰 의미가 있다. 〈그림 1-4〉는 DFAM이 극복할 수 있는 설계형상, 재료, 차원의 복잡성에 대한 3D 프린팅 기술의 적용 사례를 도식화한 것이다.

〈그림 1-5〉와 같이 3D 프린팅 관련 시장은 다양한 영역에서 급격히 영향력이 커져갈 것이라 예상된다. 특히, 자동차 산업에서 증

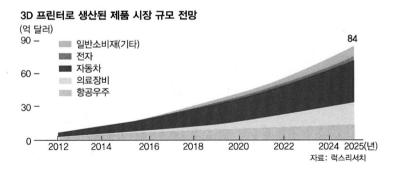

그림 1-5 산업별 3D 프린터 시장의 규모와 전망

가예상 폭이 매우 큰데, 이는 DFAM 기술을 사용하여 복잡한 기능과 형상의 부품 모듈을 별도의 조립공정 없이 일체형으로 제작할 수 있으며, 내부구조가 복잡한 고강성, 경량 차량 부품 설계 및 제작을 통해 에너지 효율을 개선할 수 있기 때문이다. 특히, 최근 주목 받고 있는 전기차를 비롯한 친환경 자동차는 2040년경에는 전체 신차 판매량의 54%를 차지할 것으로 예상되는 등 우리의 일상에 미치는 변화가 실로 대단할 것이다. 이러한 움직임과 함께, 실제로 국내외 자동차 관련 업체들은 플라스틱뿐 아니라 금속, 탄소복합소재로 3D 프린팅 기술을 활용해 자동차 생산에 적용하고자 하는 노력들을 하고 있다.

해외의 경우만 보더라도 이미 오래 전부터 독일을 필두로 한 유럽의 유명 메이커들, 미국의 3대 자동차 메이커들, 일본의 메이커들 등 많은 완성차 업체 및 관련 부품기업들이 3D 프린팅 장비를 신차 개발과 양산에 적극 활용해 오고 있다. 최근 3D 프린팅 관련 국제전시회장에서 고성능 경량화 자동차 부품 개발의 사례들을 찾아보는 것은 이제 식상할 정도이다. 미국의 FIT WEST 사는 DFAM 기술을 활용하여 F-1 자동차 금속 실린더 블록을 고성능화하고 무려 80%의 경량화에 성공했다〈그림 1-6〉. 특히, 미국의 Local Motors라는 회사는 3D 프린팅이라는 생산기술을 가운데 두고, 디자이너-개발자-소비자가 함께 고민하는 협업 플랫폼을 제안하면서 새로운 제조업의 비즈니스 방안을 제시하기도 했는데, 이는 미래의 자동차 산업을 포함한 모든 제조 산업이 소량-다품종-경량-고성능-맞

그림 1-6 Fit-Production의 금속 3D 프린팅을 이용한 F1 경주차용 엔진 부품

춤형의 방향으로 진행되는데 3D 프린팅과 DFAM 기술이 핵심 엔진 역할을 하게 될 것이라는 것을 보여주는 하나의 사례이다. 우리나라의 울산과학기술원(UNIST)에서도 〈그림 1-7〉과 같이 DFAM 기술을 적용한 전기 자동차의 경량 차체 제작을 진행했다. 위상최적화를 통한 60~70%의 부품 경량화와 고강성 프레임의 설계 제작까지

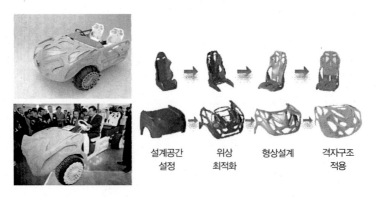

설계공간   위상   형상설계   격자구조
설정   최적화   적용

그림 1-7 DFAM 기술이 적용된 3D 프린팅 전기차 외관 설계/제작 사례(UNIST 3D 프린팅 전기차 Rhino)

짧은 시간에 완료하여 다양한 가능성을 보여주었다. 개발 과정에 위상 최적설계, 부품일체화, 탄소복합소재 프린팅 등의 다양한 DFAM 기법이 적용되었다. 코뿔소를 닮은 외관으로 'Rhino'라는 별명이 붙여졌고, 2017년 '3D 프린팅 갈라 in 울산', 2017년 '제1회 대한민국 균형발전 박람회', 2018년 '부산국제모터쇼' 등에서 전시되어 관람객들의 관심을 끌었다.

물론, DFAM이 단순히 경량화 설계만을 의미하는 것은 아니다. 앞서 소개한 GE 사의 연료분사노즐 제작의 사례나 Local Motors 사의 전기자동차와 같이 복잡한 부품을 일체화 설계 및 생산이 가능하여 많은 공정 부담을 줄일 수 있다는 장점도 간과할 수 없다.

4차 산업혁명이 우리에게 보여줄 미래가 희망적인 방향일지, 아니면 위협적일지는 현재 판단하기 힘들다. 하지만 어떤 방향이든, 그 모습이 현재의 우리가 알고 있는 세상과는 확연히 달라질 것이라는 것만은 자명하다. 3D 프린팅이 바꿔놓을 생소한 산업 환경에서 그동안 보지 못한 새로운 가치의 먹이사슬이 만들어지게 될 것이 분명하다. 인공지능 기술이 가까운 미래에 산업 기술과 경제 균형의 지도를 바꿀 것이라 예측되듯이, 3D 프린팅 기술이 생산과 물류 지도를 바꾸게 될 것이다. 우리나라에 적합한 한국형 3D 프린팅 기술과 시장은 지금 우리가 만들어나가야 하는 새로운 숙제일 것이다.

CHAPTER 02

데이터와 최적화를 활용한 유통 네트워크 설계[1]

연세대학교 **정병도** 교수

우리의 일상생활에서 흔히 경험하고 익숙한 택배 서비스는 산업공학의 주요 분야인 물류 분야와 밀접한 관련이 있다. 본 장에서는 장기적인 관점에서 택배 물류 네트워크를 설계하기 위하여, 데이터와 최적화 방법들이 어떻게 활용되는지를 설명한다. 이를 통해 1인가구와 온라인 쇼핑의 증가로 인해 성장하고 있는 시장에 대한 수요 예측과 예측된 수요를 바탕으로 하는 최적 의사결정 과정, 그리고 도출된 최적해의 강건성을 검증하기 위한 시뮬레이션 실험의 과정을 통하여 산업공학이 유통 산업에 어떻게 활용되는지를 이해할 수 있다.

---

1) 본 사례와 관련된 연구는 고창성 교수님(경성대), 문일경 교수님(서울대), 박민영 교수님(인하대)과 함께 수행하였다.

우리에게 익숙한 택배와 택배 시장

1인가구의 증가, 온라인 쇼핑의 확대 등으로 국내 택배 시장은 매우 빠르게 성장하고 있다. 한국통합물류협회의 발표에 의하면, 2017년 국내 택배 물량은 23억 1946만 개로 2016년도의 20억 4666만 개에 비해 13.3% 증가하였다.[2] 택배 시장의 매출액 역시 약 10% 증가한 5조 2146억 원에 달한다. 택배 시장은 향후 두 자릿수의 성장이 지속될 것으로 예측되고 있다.

하지만 이와 같은 시장의 성장에도 불구하고 택배 기업들은 경영에 많은 어려움을 겪고 있다. 비용적으로 2017년도 택배 평균 단가는 2,248원으로 2016년도 대비 3% 감소하였으며, 이는 역대 최저치이다. 기업간 인수 합병을 통한 몸집불리기, 시장 확대에 따른 신규 시설 확보, 로봇과 사물인터넷(IoT) 등을 이용한 새로운 기술의 도입 등 투자 요구도 증가하고 있다. 주요 택배 기업들의 이익률은 하락하고 있으며, 주가 역시 하락하고 있어 시장은 성장하나 기업 경영의 어려움은 증가하는 아이러니한 상황에 직면하고 있다고 할 수 있다.

현재 택배 시장은 CJ 대한통운이 45.5%의 점유율로 시장을 이끌고 있으며, 뒤이어 한진과 롯데 글로비스가 12% 수준의 시장 점유율로 2위 자리를 다투고 있다.[3] 또한, 업계 1위인 CJ 대한통운의

---

2) 한국해운신문 (2018), 지난해 택배 물량 13.3% 증가,
   http://m.maritimepress.co.kr/news/articleView.html?idxno=116878
3) 조선Biz (2018), '년 23억 상자' 택배 시장 CJ 대한통운 독주 체제,
   http://biz.chosun.com/site/data/html_dir/2018/05/31/2018053101943.html

시장 점유율이 점점 높아지고 있으며, 2~3위와의 격차를 벌리고 있다. 최근 CJ 대한통운은 3800억 원을 투자하여 곤지암에 아시아 최대 규모의 메가 허브 터미널을 조성하고 있으며, 최첨단 기술이 집약된 메가 허브가 완성될 경우 단가 경쟁력이 더 높아질 것으로 예상되고 있다.

본 장에서는 택배 기업이 경쟁력 향상을 위해서 중장기적인 전략에 맞춰 어떻게 택배 설비 거점의 위치와 용량을 결정하는지, 전국적인 네트워크를 어떻게 운영하는지에 관해 사례를 바탕으로 설명하고자 한다. 이와 같은 접근은 택배 업계 이외에도, 다양한 산업 분야의 의사결정에 동일하게 사용될 수 있다.

미래 수요 예측하기

중장기적인 관점에서 가장 먼저 해야 할 일은 미래의 수요를 예측하는 것이다. 얼마나 많은 고객이 기업의 서비스를 이용할 것인가를 파악해야 기업은 예상되는 수요에 맞춰 어떻게 대응할 것인가를 결정할 수 있다. 즉, 고객의 수요를 예측하는 것은 기업 의사결정의 시작점이다. 수요 예측은 전문가들의 의견 또는 소비자들의 의견을 바탕으로 진행하는 정성적인 방법(Qualitative method)과 데이터와 수학적 모델을 기반으로 진행하는 정량적인 방법(Quantitative method)으로 구분된다. 이중 정량적인 방법은 회귀 분석(Regression analysis)을 이용하는 방법, 시계열 데이터를 이용하는 방법, 수요에

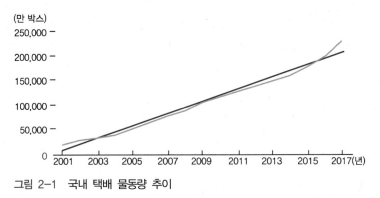

(만 박스)

그림 2-1 국내 택배 물동량 추이

영향을 미치는 요인들의 관계를 분석하는 방법 등 여러 가지가 있다.

우선, 2001년부터 2017년까지의 국내 택배 물동량의 추이를 살펴보도록 하자. 〈그림 2-1〉에서 검은색 선은 실제 택배 물동량을 나타내며, 매년 꾸준하게 증가하는 추세가 있는 것을 확인할 수 있다. 만일 연간 물동량만 간단하게 예측하고자 한다면 회귀 분석을 이용하여 시계열 데이터의 추세를 살펴볼 수 있다. 〈그림 2-1〉의 파란색 선은 데이터의 선형적인 증가를 표현하고 있다. 이는 선형 회귀식을 통해 얻은 추세선을 나타내며, 이와 같은 성장이 지속된다는 가정하에 미래에 대한 수요를 예측하게 된다.

앞서 1인가구의 증가와 온라인 쇼핑의 확대 등으로 택배 시장이 성장하고 있다고 설명한 바 있다. 이는 특정 요인들이 국내 택배 물동량의 증가에 영향을 미치고 있다는 것을 의미한다. 하지만 〈그림 2-1〉은 이와 같은 요인들의 변화를 고려하지 않은 채, 연도별 물동량의 증가가 지속될 것이라는 가정을 갖고 있다. 이와 같이 특정 요인을 추가적으로 고려해야 하는 경우, 상관관계 분석을 통하여 유의한 독립변수를 선정하고, 회귀 분석을 활용하여 수요를 예측할 수 있다. 상관관계 분석을 통하여 인구지표(인구수), 가구지표(가구수, 소인가구수), 경제지표(GDP, 1인당 GDP), 온라인 쇼핑몰 거래액 등의 변화가 국내 택배 물동량의 변화와 매우 높은 연관성이 있다는 것을 파악할 수 있다. 따라서 이들 요인과 관련된 신뢰성 있는 미래 예측 데이터를 통계청, OECD 등을 통하여 획득하고, 이들 데이터를 이용하여 연간 택배 물동량을 예측할 수 있다.

향후 얼마나 많은 택배 시설의 용량이 필요한지, 전국적인 네트워크를 어떻게 구축할 것인지를 결정하기에는 연단위로 예측된 데이터는 부족한 면이 없지 않다. 실제 설비들은 일단위로 운영 계획이 작성되어야 하며, 택배 수요 역시 일자별로 편차가 크기 때문에 연간 수요 예측 데이터를 365일로 나눠서 평균적인 데이터를 이용하는 것은 부적절하다. 운영적인 관점을 고려하여 택배 네트워크의 적절성을 점검하기 위해서는 일단위의 수요 예측 데이터가 필요하다. 또한, 평균적인 일간 수요만 이용한다면 택배 수요가 몰리는 시즌에는 용량 부족으로 허덕이게 될 것이다. 따라서, 연간 택배 물량의 수요를 기업의 시장 점유율을 고려하여 특정 기업의 수요 예측 데이터로 변환하고, 이를 일별(또는 시즌별) 수요 예측 데이터와 출발지와 도착지 기준의 수요 예측 데이터(Origin-Destination Demand Pair)로 변환하는 작업도 필요하다.

최적의 해결 방법을 도출하기

향후 얼마나 수요가 발생할지 예측하였다면, 이에 가장 효과적으로 대응할 수 있는 최적의 해결 방법을 찾게 된다. 택배 산업에서는 중장기적으로 택배 물량 처리를 위한 시설물을 어느 곳에 설치할지, 용량은 어느 정도로 할지를 결정하게 된다. 또한, 단기적으로는 어느 곳에서 물건을 집하하여, 어느 곳으로 보내서 분류하고, 어느 곳으로 배송해야 할지에 대한 의사결정을 하게 된다.

네트워크를 구성하는 대표적인 방법으로 점대점(Point-to-Point: P2P) 방식, 허브앤스포크(Hub-and-Spoke: H&S)방식, 그리고 이들을 결합하거나 변형한 하이브리드(Hybrid) 방식이 있다. 〈그림 2-2〉의 (a)와 같이 P2P 방식에서는 물건을 보내는 출발지와 받는 도착지가 직접적으로 물류 네트워크에 연결되어 운송이 이뤄진다. P2P 방식은 출발지에서 목적지까지 직접 이동하기 때문에 운송 거

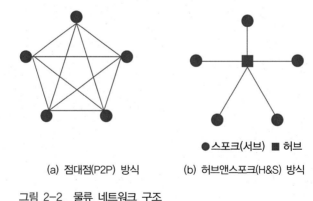

●스포크(서브) ■ 허브

(a) 점대점(P2P) 방식   (b) 허브앤스포크(H&S) 방식

그림 2-2 물류 네트워크 구조

리가 짧다는 장점이 존재하나, 충분한 물량이 존재하지 않는다면 운송 빈도가 증가하고 규모의 경제 효과를 볼 수 없게 된다. 〈그림 2-2〉의 (b)는 단일 허브를 갖는 H&S 방식의 네트워크 구조를 보여주고 있다. H&S 방식은 스포크라고 불리는 각 노드(출발지 또는 목적지)들을 연결하는 허브를 추가로 설치하여, 허브를 통하여 물류의 흐름을 연결하는 방식이다. H&S 방식은 P2P에 비하여 간단한 네트워크 구조를 가지며, 다양한 목적지의 물건이 함께 허브로 이동되기 때문에 규모의 경제를 꾀할 수 있다. 하지만 허브를 거쳐서 목적지에 배달되기 때문에 운송 거리가 길어지며, 허브를 설치하고 운영하는데 추가적인 비용이 발생하게 된다.

　전국적인 규모의 택배 물류에서는 H&S 방식이 많이 이용된다. 일반적으로 소비자와 가까운 지역에서 지역 소비자와 물건을 받고 보내주는 역할을 하는 시설물을 서브(Sub: H&S 모델의 스포크에 해당)라고 하며, 출발지 서브에 모인 택배물을 모아서 분류하고 목적지 서브로 물건을 보내주는 시설물을 허브(Hub)라고 한다. 즉, 물건을 보내고자하는 고객에게서 받은 택배물은 해당 지역의 서브에 모이며, 이는 다시 허브로 전달된다. 허브에서는 목적지별로 물건을 분류하며, 분류된 택배물은 물건을 받고자 하는 고객이 위치한 지역의 허브나 서브로 이동되며, 최종적으로 고객에게 전달된다. 이와 같은 흐름을 간단히 표현하면 서브 → 허브 → 허브 → 서브, 또는 서브 → 허브 → 서브의 흐름으로 간주할 수 있다.

이와 같이 H&S 구조의 물류 네트워크를 설계하게 된다면 구체적으로 다음의 사항에 대한 의사결정을 해야 한다.

① 몇 개의 서브를 어느 곳에서 운영할 것이며, 어느 지역을 담당하도록 할 것인가?
② 몇 개의 허브를 어느 곳에서 운영할 것이며, 어느 서브를 담당하도록 할 것인가?(참고: 허브와 서브가 연결되는 것을 예하관계라고 한다.)
③ 어떠한 네트워크의 흐름으로 운영할 것인가?(서브 → 허브 → 허브 → 서브, 또는 서브 → 허브 → 서브 등)
④ 각 서브와 허브의 용량은 얼마로 할 것인가?
⑤ 운영 시설의 자동화 수준은 어느 정도로 할 것인가?(자동화의 수준은 서브 또는 허브가 처리하는 용량과 직결된다.)

네트워크 설계의 문제는 장기적이고 전략적인 의사결정에 해당한다. 네트워크 설계 과정에는 많은 비용과 오랜 시간이 필요하며, 한 번 의사결정이 이뤄지면 이를 되돌리기 쉽지 않다. 예를 들어, 하나의 허브를 추가로 설치하고 운영하기 위해서는 넓은 땅을 구매해야하며, 이곳에 건물을 짓고 새로운 설비를 도입해야 한다. 하나의 허브가 완공되기 위해서는 몇 년의 시간이 걸릴 수도 있다. 따라서 5~10년 이상의 장기적인 기간에 대한 수요 예측이 필요하며, 시장의 변화와 기업의 장기적인 전략에 기반한 시나리오를 바탕으로 비용과 효과에 대한 분석이 이루어져야 한다.

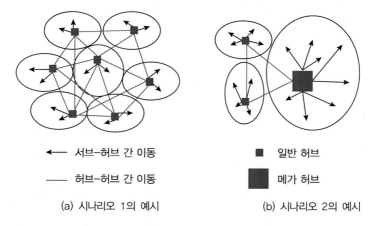

← 서브-허브 간 이동	■ 일반 허브
── 허브-허브 간 이동	⬛ 메가 허브
(a) 시나리오 1의 예시	(b) 시나리오 2의 예시

그림 2-3 H&S 네트워크 시나리오 예시

　본 장에서는 물류 네트워크 설계의 이해를 돕기 위하여 다수의 허브를 이용하는 H&S 네트워크 구조를 이용하면서 허브의 용량을 확대하는 시나리오(시나리오 1)와 새로운 대형 메가 허브를 신축하고 소수의 허브를 이용하는 H&S 네트워크 구조를 이용하는 시나리오(시나리오 2)를 예로 선택하였다. 〈그림 2-3〉의 (a)는 복수개의 일반 허브를 이용하는 네트워크 구조의 예시로, 허브 주변의 검은색 원과 화살표는 개별 허브가 담당하는 지역과 예하관계에 있는 서브로의 물량의 이동을 도식화하고 있다. 〈그림 2-3〉의 (b)는 메가 허브를 이용하는 택배 네트워크 구조의 예시를 보여주고 있다.

　구체적으로 시나리오 1은 기존에 운영 중인 허브들을 확장하여 네트워크를 운영하게 된다. 따라서 본 예시에서는 시설물 입지에 대한 의사결정은 필요하지 않으며, 기존에 사용하는 허브를 얼마나 확장할 것인지, 최적의 예하관계는 어떻게 설정할 것인지를 결정하는 것이 중요한 의사결정이 된다. 시나리오 2는 신규 메가 허브를 구축하고, 기존의 허브 중에서 일부만 활용하기 때문에 어느 지역에 메가 허브를 신축할 것인지, 각 허브의 용량은 얼마나 확장할 것인지, 최적의 예하관계는 어떻게 설정할 것인지가 중요한 의사결정 요소가 된다.

이와 같은 최적의 의사결정을 위해서는 다양한 데이터를 수집해야 한다. 앞서 예측한 미래 수요 데이터와 더불어 거리 데이터, 용량 데이터, 비용 데이터, 신규 시설물에 대한 데이터 등의 다양한 데이터를 수집하고, 정리하는 과정이 필요하다. 〈표 2-1〉은 최적화 모델을 만드는데 필요한 주요 데이터들을 보여주고 있다.

이와 같이 기업 내/외부의 데이터를 수집, 보정한 후, 최적의 해결 방법을 도출하기 위해서 최적화 수리 모델을 이용하게 된다. 최적화 수리 모델은 의사결정 변수의 형태, 제약식의 형태에 따라서 다양한 유형으로 구분할 수 있다. 본 예시에서는 허브와 서브간의 예하관계를 결정하는 이진수 형태의 의사결정 변수(0은 예하관계를 설정하지 않는다. 1은 예하관계를 설정한다.), 특정 지역에 메가 허브 신축 여부를 결정하는 이진수 형태의 의사결정 변수(0은 설치한다. 1은 설치하지 않는다.)가 포함되며, 목적함수와 제약식은 선형함수의 형태로 정의할 수 있다. 최적화 분야에서는 이를 MILP (Mixed Integer Linear Programming) 문제라고 하며, 이를 해결할 수 있는 알고리즘을 개발하거나, 상용 프로그램을 이용하여 최적해

표 2-1   최적화 모델 수립을 위한 데이터

구분	설명	수집 방법
수요 예측 데이터	각 서브에서 서브까지 이동해야 하는 물량	앞 장에서 실시한 수요 예측의 결과물
이동 거리 데이터	트럭을 이용할 경우 서브, 허브 간의 이동 거리	구글 맵, 네이버 맵 등을 활용
용량 데이터	현재 서브, 허브가 하루에 처리할 수 있는 물량, 각 허브가 최대로 운영할 수 있는 간선 용량	기업 내부 자료
확장 가능 용량 데이터	신규 부지 확보, 자동화 시설물 도입 등으로 추가할 수 있는 용량	기업 내부 자료, 자동화 설비 효율성 분석 자료
운송 비용	트럭 이용에 따른 고정비, 이동 거리에 따른 변동비	기업 내부 자료
조업 비용	허브, 서브를 운영할 때 발생하는 고정비, 단위 물량당 발생하는 변동비	기업 내부 자료

를 결정하게 된다.

변동성에 대한 검증하기

최적화 모델을 통하여 시나리오별 최적해를 구한 다음 각 시나리오의 성능을 검증하고 비교하는 과정을 거친다. 성능 검증을 위해서 경제성 공학(Engineering Economy), 민감도 분석(Sensitivity Analysis), 시뮬레이션(Simulation) 실험 등을 수행할 수 있다. 특히, 앞서 설명한

MILP 모델로 찾는 최적해는 데이터의 불확실성과 변동성을 고려하지 않고 도출된 해이다. 시뮬레이션 실험은 도출된 해가 다양한 변동성에 어떻게 영향을 받는지 실험하기 매우 좋은 방법이다. 실제 시스템을 구축하고 운영하기에 앞서, 도출된 해의 강건성을 확인하고 다양한 변화에 따른 성능의 변화를 What-if 방식으로 살펴볼 수 있다. 시뮬레이션 실험 역시 직접 개발한 시뮬레이션 환경에서 실험을 하거나 상용 프로그램을 이용하여 수행하게 된다.

시뮬레이션 실험을 위해서는 앞서 수집된 데이터와 최적해 등을 이용하여 시뮬레이션 모델을 구축하고, 다양한 상황을 반영한 성능을 평가할 수 있다. 예를 들어, 수요가 적은 시즌에 최적해의 성능이 비용적으로 어떠한 영향을 미치는지, 수요가 예상보다 초과하는 경우 어느 지역에 부하가 많이 걸리는지 등을 살펴볼 수 있다. 또한, 확률분포를 사용하여 처리 시간의 변동성, 운송 시간의 변동성 등을 반영할 수 있으며, 이에 따른 성능의 변화를 살펴볼 수 있다. 본 예시에서는 시뮬레이션 실험을 통하여, 현재 택배 네트워크의 구조로는 향후 몇 년 뒤에 수도권 지역 허브의 용량에 문제가 발생할 수 있으며, 특정 지역의 허브를 확장하는 경우 이러한 문제가 단기적으로 해결될 수 있다는 점을 확인할 수 있다. 또한, 장기적인 관점에서는 최적화 모델에 사용된 시나리오에 대한 보완이 필요하는 점도 확인할 수 있다.

본 장에서는 중장기적인 관점에서 택배 네트워크 구조를 결정하기 위하여, 데이터 분석과 최적화 기법을 바탕으로 산업공학이 어떻게 활용되고 있는지 설명하였다. 우선, 택배 수요에 영향을 미치는 요인들을 찾고, 이를 바탕으로 미래 수요를 예측하였다. 예측된 수요에 대응하기 위하여 기업이 전략적으로 취할 수 있는 대응 방안을 시나리오 형태로 작성한 후, 각 시나리오에 대한 최적화 수리모형을 만들고 각각의 최적해를 도출하였다. 마지막으로 현실 세계의 다양한 불확실성과 변동성에 대한 최적해의 강건성을 분석하기 위하여 시뮬레이션 실험을 시행하였다.

이와 같은 과정에서 파악할 수 있는 시사점은 다음과 같다. 첫째, 데이터의 중요성이다. 수요 예측, 최적화 모델, 시뮬레이션을 위해서는 다양한 데이터가 필요하다. 만일 데이터가 정확하지 않다면 도출된 결과 역시 정확하지 않다. 4차 산업혁명 시대가 부각되면서 많은 기업들이 데이터에 관심을 갖고 더 많은 자료들을 수집하고 있으나 아직까지는 목적없이 자료를 수집하는 경우가 종종 존재한다. 또한 많은 데이터를 보유하고 있더라도, 의사결정을 위해서 필요한 데이터를 요청하면, 해당 데이터가 없는 경우도 많다. 어떠한 의사결정을 위하여 어떠한 데이터가 필요한지 미리 파악하고, 목적에 맞는 자료를 수집해야 한다. 둘째, 예측 모델과 최적화 모델의 통합적인 활용이다. 데이터를 기반으로 예측을 수행하는 분야는 최적화에 관심이 없고, 최적화를 수행하는 분야는 예측에 관심이 적은 것이 사실이다. 하지만 본 사례와 같이 데이터를 통해 예측을 수행하고, 예측된 결과에 맞춰 최적화가 수행되어야 한다. 학계와 기업 모두 빅데이터 분석과 최적화를 이해할 수 있는 인재를 육성하고, 두 가지 방법을 융합하여 기업 운영에 적합하게 활용해야 할 것이다.

CHAPTER 03

인공지능을 활용한 의사결정

고려대학교 김성범 교수

인공지능 분야가 현재까지는 인식 능력 향상에 초점이 맞추어져 왔다면, 앞으로는 인식 능력과 더불어 이를 이용한 구체적인 의사결정을 제시할 수 있는 기술로 발전해야 할 것이다. 산업공학에서 다루고 있는 핵심 이론인 확률, 통계, 최적화는 이를 뒷받침할 수 있는 원동력이다. 4차 산업혁명 시대의 산업공학은 단순히 공학의 한 분야가 아닌 모든 공학의 기초가 되는 학문으로, 진정한 공학의 지휘자 역할을 해야할 것이다. 본 장에서는 산업공학 분야에 인공지능 기술이 어떻게 활용되는지에 대하여 소개한다.

들어가면서

4차 산업혁명 시대에 살고 있는 우리들이 일상에서 가장 많이 들어 본 용어가 데이터마이닝, 빅데이터, 머신러닝, 인공지능이 아닐까? 이렇게 관심이 많다 보니 관련 분야 전공자이든 아니든 상식적인 수준에서의 인공지능 지식은 갖추어야 할 것 같다. 특히 산업공학 전공자들은 확률, 통계, 최적화 등 인공지능 분야 핵심 이론과 관련 된 업무를 수행하므로 기본적인 지식이 더욱 유용할 것 같다. 〈그림 3-1〉은 2010년 1월 1일부터 2018년 8월 26일까지 'Data Mining', 'Big Data', 'Machine Learning' 용어에 대한 구글 트렌드 결과이다. 구글 트렌드는 용어에 대한 검색 패턴을 시계열로 보여 주며, 검색량이 많을수록 많은 관심을 받는 용어라고 보면 된다.

결과를 요약하자면 2010년부터 2011년까지는 'Data Mining'에

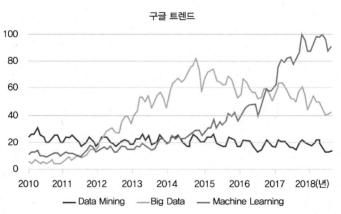

그림 3-1 Data Mining, Big Data, Machine Learning 용어에 대한 구글 트렌드 결과(2010년 1월 1일~2108년 8월 26일)

대한 검색량이 가장 많았지만 2012년부터는 'Big Data'가 압도적인 차이를 벌리며 검색량 1위로 올라선다. 이 패턴이 4년 6개월 동안 유지된 후, 2016년 10월부터는 'Machine Learning'이 검색량 1위로 올라서며 현재까지 이 패턴이 유지되고 있다. 위 세 가지 용어는 본질적인 의미에서 차이가 있다기보다는 시대의 흐름에 따라 진화하고 있는 과정에서 생겨난 용어로 보면 무난하지 않을까 싶다. 따라서 앞으로 어떤 새로운 단어가 등장할지 지켜볼 일이다. 본 장에서는 빅데이터, 머신러닝, 인공지능 기술이 산업공학에 어떻게 활용되고 있는지 살펴보고자 한다.

빅데이터?

먼저 2010년대 초반에 등장한 빅데이터란 용어는 형용사인 Big이 명사인 Data를 꾸며주는 형태로 되어 있다. 즉, 용어 자체로만 보면 어떤 행위를 나타낸다기 보다는 그냥 '대용량의 데이터'로 해석할 수 있는데 그 본질을 파악할 필요가 있다. 빅데이터를 설명하기 위해 데이터마이닝의 등장 배경부터 살펴보자. 1990년대 후반 본격적으로 등장한 데이터마이닝은 방대하고 복잡한 데이터로부터 의미있는 정보를 이끌어 내는 일련의 과정을 연구하는 학문이다. 데이터마이닝이 등장할 당시 데이터 수집 기기와 저장 기술의 발달로 기존에는 상상할 수 없는 많은 양의 데이터가 쏟아져 나오고 있었다. 이런 방대한 데이터에 대한 처리와 분석은 기존 분석방법으로는 해결이 어려웠고 이를 위해 새로운 방법론들이 개발되었다. 기존 분석방법론과 새로운 방법론을 아우르기 위해서는 새롭고 신선한 용어가 필요했고 이에 따라 데이터마이닝이라는 용어가 생겨난 것이다.

2004년 서비스를 시작한 페이스북을 중심으로 소위 소셜 네트워크 서비스로 불리는 온라인 플랫폼이 등장하였는데 이로부터 생성되는 데이터는 그 양과 복잡도 면에서 또 한 번 기존 데이터 분석 기술의 한계를 가져왔다. 이와 더불어 2007년 스마트폰의 출현으로 인터넷 서비스를 장소에 구애 받지 않고 이용할 수 있었고 이로 인해 소셜 네트워크 데이터양은 폭증하게 되었다. 그 밖에 센서 기술을 포함한 데이터 수집 기기의 눈부신 발달로 다양한 분야에서 방대한 양의 데이터가 생성되게 되었다.

여기서 빅데이터란 용어의 탄생 시점을 알 수 있다. 빅데이터는 소셜 네트워크 데이터를 필두로 기존 데이터 분석 혹은 데이터마이닝 시절에 접할 수 없었던 초대용량의 정형/비정형 데이터의 처리와 분석을 가능케 해주는 방법을 아우르는 용어로 보면 될 것 같다. 데이터마이닝이 데이터 분석에 초점이 맞춰져 있었다면 빅데이터는 분석과 더불어 데이터의 효율적인 저장과 처리 기술도 포함한 데이터마이닝의 한 단계 진화된 용어라고 할 수 있다. 빅데이터의 등장은 한동안 침체되었던 인공지능 연구에도 촉진제가 되게 된다.

머신러닝? 인공지능?

알파고, 무인자동차, 챗봇 등의 인기와 맞물려 이들의 핵심기술인 머신러닝/인공지능에 대한 관심이 증가하고 있다. 잠깐 머신러닝과 인공지능의 차이에 대해 살펴보자. 머신러닝은 머신과 러닝의 합성어이다. 여기서 머신은 컴퓨터라고 보면 무난하다. 즉, 머신러닝은 학습하는 컴퓨터로 보면 되는데 이렇게 보면 컴퓨터가 스스로 학습을 한다는 의미로 받아들여질 수 있다. 최근 알파고, 게임봇 개발 기사를 보면 마치 컴퓨터가 스스로 학습하는 것으로 생각할 수 있으나 다소 과장된 면이 없지 않다. 스스로 학습하는 것은 맞는 말이지만, 스스로 학습하는 것 자체를 인간이 디자인했기 때문에 인간과 같이 자유의지를 가지고 학습을 하는 것과는 엄연한 차이가 있다.

이제 머신러닝에 대해 정의를 해 보자. 머신러닝은 인간이 개발한 알고리즘을 컴퓨터 언어를 통해 머신(컴퓨터)에게 학습시키는 행위를 의미한다. 이 정의에서 두 가지 핵심 단어가 등장하는데 '알고리즘'과 '컴퓨터 언어'이다. 알고리즘은 특정한 문제를 해결하기 위한 수학적으로 완결된 논리구조들의 모임 혹은 집합 정도로 정의할 수 있다. 여기서 중요한 것은 알고리즘은 인간이 개발한다는 것이다(아직 컴퓨터가 스스로 알고리즘을 개발하지는 못한다). 그런데 역설적으로 인간 스스로 개발한 알고리즘을 인간이 실제 구현하지 못하는 경우가 많다. 복잡한 연산이 포함된 문제일 수록 더욱 그렇다. 예를 들어 1에서 5,000까지 곱하는 문제가 있다고 하자. 이를

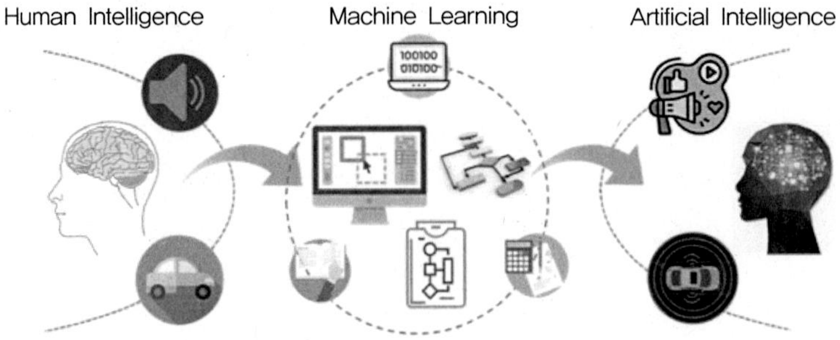

그림 3-2 인간지능, 머신러닝, 인공지능

해결할 수 있는 멋진 알고리즘은 인간이 생각해 낼 수 있지만 이를 스스로 구현하여 답을 내라고 하면 쉽게 하지 못한다. 창의력은 있지만, 연산 능력이 컴퓨터보다 현저히 뒤지기 때문이다. 따라서 인간이 개발한 알고리즘을 수행할 수 있도록 컴퓨터에 학습을 시켜야 하는데 이를 위해서는 인간과 컴퓨터 사이에 소통할 수 있는 수단이 필요하고 이것이 바로 컴퓨터 언어이다. 전통적으로 널리 쓰이고 있는 컴퓨터 언어인 C++, JAVA, MATLAB 등을 포함하여 최근 많이 사용하고 있는 R과 Python이 대표적이다.

지금까지 정의한 머신러닝이 반도체 불량 여부를 예측하는 시스템에 적용된 사례를 살펴보자. 반도체 제조공정에서 최종 반도체의 불량 여부를 조기에 예측하는 것은 매우 중요하다. 최근 센서/계측 기술 발달로 설비와 제품의 상태를 실시간으로 모니터링함으로써 다량의 데이터가 생성되고 있으며 이를 이용하여 불량을 조기에 예측하는 인공지능 기술이 개발되고 있다. 이러한 기술을 개발하기 위해서는 수학적으로 완결된 논리 구조들을 순차적으로 거쳐야 하는데 이 구조들을 모아놓은 것을 알고리즘이라 한다. 이 알고리즘은 반도체 불량을 예측하는데 활용되므로 '반도체 조기 불량예측 알고리즘' 정도로 명명하면 될 것 같다. 이때 알고리즘을 개발하는 주체는 인간임을 잊지 말자. 인간이 개발한 알고리즘을 실제 구현하기 위해서는 컴퓨터의 도움이 필요한데 이를 위해서는 Python과 같은 컴퓨터 언어를 통해 가능하다. 이 사례의 경우 머신러닝은 '인간'이 개발한 '반도체 조기 불량예측 알고리즘'을 'Python 언어'를 통해 '컴퓨터'에 학습시키는 행위라고 정의할 수 있다.

그럼 인공지능은 무엇인가? 인공지능은 머신러닝의 결과 혹은 실체라고 보면 될 것 같다. 즉, 알파고는 바둑을 두는 컴퓨터로 실체가 있으니 인공지능으로 보면 된다. 여기서 머신러닝은 컴퓨터에게 바둑을 둘 수 있는 능력을 부여하는 과정, 즉 알파고에 쓰인 딥러닝, 강화학습 등의 알고리즘을 컴퓨터 언어를 통해 구현하는 과정이다. 인공지능의 또 다른 예로 무인자동차, 챗봇, 왓슨 등을 들 수 있다. 이들은 각각 스스로 운전하는 기능, 인간의 언어를 인식하여 대화하는 기능, 인간의 건강을 진단하는 기능을 머신러닝으로 학습한 결과, 즉 실체이므로 모두 인공지능으로 보면 될 것이다.

요약해 보면 머신러닝은 '과정', 인공지능은 '결과'로 보면 무난하다. 여기서는 머신러닝과 인공지능 용어를 가능한 한 명확하게 구분하려고 했으나 실제 현장에서는 이런 구분이 큰 의미는 없다. 궁극적으로 전달하고자 하는 본질이 더 중요하지 용어 그 자체의 맞고 틀림이 중요한 것은 아니기 때문이다.

인공지능 기술의 지름길 산업공학

인공지능 기술의 기초가 되는 이론은 확률, 통계, 최적화이다. 물론 이 이론들의 근원은 수학이다. 따라서, 파고들다 보면 결국 수학을 잘 이해해야 하는데 그렇다고 인공지능을 학습하기 위해서 반드시 수학을 전공해야 하는 것은 아니다. 사실 모든 이공계 학문의 기초는 수학이지 않은가?

산업공학에서 많이 다루고 있는 통계학의 경우 확률과 통계 이론에 중점을 두고 있다. 전통적인 통계학은 표본(샘플)을 통해 모집단이 따르는 확률분포의 파라미터(모수)를 알아내는 추정과 가설검정이 핵심이다. 머신러닝에서 사용하는 대부분의 예측모델 역시 학습데이터를 통해 모델의 특성을 결정하는 파라미터를 찾는 것이 핵심이다. 따라서 전통 통계학에서 사용하고 있는 표본이라는 용어는 머신러닝에서는 학습데이터라고 보면 된다. 통계학에서 확률분포의 파라미터 추정은 대부분 알려진 모집단의 확률분포를 가정하고 행해지지만 머신러닝에서는 그렇지 않은 경우가 대부분이다.

최근 널리 사용되고 있는 딥러닝의 기본 모델인 인공신경망(Artificial Neural Network)을 예로 들어보자. 인공신경망 모델은 기본적으로는 입력층, 은닉층, 출력층 3개의 층(Layer)으로 구성되어 있으며 각 층에 있는 노드들이 서로 연결된 네트워크 그래프 형태로 표현된다. 인공신경망 모델은 일단 네트워크 구조가 결정되면 층간 노드들을 연결하고 있는 연결선의 가중치를 결정하는 것이 핵심이다. 여기서 가중치가 바로 '파라미터'인데 이를 결정할 때 앞에서 언급한 확률분포의 개념은 사용되지 않는다. 인공신경망 외에도 대부분의 머신러닝 모델은 확률분포의 가정을 전제로 하고 있지 않다.

반면 선형회귀 모델과 같이 확률분포의 가정이 필요한 모델도 존재한다. 선형회귀 모델은 반응변수(Y)를 예측변수(X)의 선형결합으로 표현하는 방법이다. 그러나 실제로는 두 변수 사이의 랜덤성으로 인해 예측변수만을 가지고 반응변수를 100% 표현하기는 어렵다. 이 부족한 부분은 오차(error)로 표현하게 된다. 선형회귀 모델은 이 오차값들이 평균이 0이고 분산이 특정 상숫값을 갖는 정규분포를 따른다는 가정하에 수립된다. 이렇듯 선형회귀 모델은 모델을 구축할 때 알려진 확률분포를 가정한다.

확률분포를 가정하든 그렇지 않든 간에 결국 모델이 정해지면 해당 파라미터를 결정하는 부분이 중요하며 이는 산업공학의 핵심 중의 핵심 이론인 최적화를 통해 행해진다. 파라미터를 결정하기 위해서는 비용함수를 정의하고 이 함수가 최소가 되는 파라미터를 찾게 된다. 비용함수의 형태는 대부분 실제값과 해당 모델로부터 예측된 값의 차이로 정의하고 이 차이가 작을수록 실제 데이터의 패턴과 비슷하기 때문에 좋은 성능의 모델로 평가된다.

비용함수가 컨벡스(convex)형태로 표현되는 경우 비용함수를 최

1 · 조건부확률, 결합확률
· 확률변수, 확률함수
· 확률분포
· 통계량, 샘플링분포

2 · 파라미터 추정(점추정, 구간추정)
· 가설검정
· 회귀모델
· 로지스틱회귀모델

3 · 비용함수 정의 및 최소화
· 컨벡스 최적화
· 넌컨벡스 최적화
· 휴리스틱

그림 3-3   산업공학과 인공지능의 기초 이론인 확률, 통계, 최적화

소화하는 파라미터값인 최적해는 단 한 개만 존재하기 때문에 비교적 쉬운 방법으로 문제를 해결할 수 있다. 머신러닝 모델 중 비용함수가 컨벡스 형태로 표현되는 대표적인 모델은 회귀모델, 로지스틱회귀모델, 서포트벡터머신모델 등이다. 반면 비용함수가 넌컨벡스(nonconvex)인 경우에는 비용함수를 최소화하는 지역 최적해가 여러 개 존재하기 때문에 이 중에서 가장 좋은 전역 최적해를 찾아야 하는 어려움이 있다. 최근 많은 분야에서 뛰어난 성능으로 주목받고 있는 인공신경망 모델이 대표적으로 넌컨벡스 형태의 비용함수를 갖고 있다. 물론 비용함수가 넌컨벡스 형태라 할지라도 그 복잡도와 데이터양에 따라 정형화된 방법으로 전역 최적해를 찾을 수 있다. 하지만 그렇지 못하는 경우에는 꼭 전역 최적해를 보장하지 않더라도 최대한 이와 비슷한 값을 빠른 시간 내에 찾을 수 있어야 하며 이런 방법론들을 통칭하여 휴리스틱이라고 부른다. 산업공학

은 컨벡스 최적화 알고리즘부터 휴리스틱 알고리즘까지 인공지능 기술에 필요한 대부분의 방법론과 기초 이론을 배울 수 있는 유일한 학문이라고 하겠다.

산업공학에서 배우는 최적화의 개념은 앞서 논의된 바와 같이 현재의 인공지능 기술을 이해하고 구현하는 데 있어서 중요하지만, 향후 좀 더 발전한 기술을 개발하는 데 있어서도 핵심적인 역할을 할 것이다. 현재 인공지능 기술의 특징은 사물을 인지하고 분류하는 '인식'에 초점이 맞춰져 있다. 이미지에서 강아지와 고양이를 찾아내고, 사람의 목소리를 듣고 구분하고, 반도체 센서 정보를 이용해서 정상과 불량을 구분해내는 것들 모두 인식의 과정이다. 이러한 인식 능력은 주어진 상황을 이해하는 인간의 중요한 능력이지만 지능이라고 하는 것은 인식에만 국한되지 않는다. 인식한 내용에 따라서 어떻게 행동할지 또는 반응할지를 결정하는 의사결정 능력 역시 지능을 구성하는 중요한 요소라 할 수 있다.

예를 들어 현재의 인공지능이 반도체를 정상과 이상을 구분할 수 있는 인식 능력이 있다면, 의사결정 능력이란 인식한 결과에 따라 향후 어떻게 공정을 운영해야 할 지 결정하는 것이다. 이러한 의사결정 문제는 비용함수의 정의와 해결이 핵심이고, 산업공학에서 배우는 최적화를 활용하여 문제해결에 유용하게 활용될 수 있을 것이다. 이러한 점에서 앞으로는 대상을 인식하는 것뿐만 아니라 어떠한 행동을 해야 하는지 스스로 의사결정하는 인공지능 시스템의 개발은 필수적이라 하겠다. 이 가운데 산업공학에서 활발히 연구되어

온 의사결정 해결과 관련된 확률, 통계, 최적화 이론들이 중요한 역할을 할 것으로 기대한다.

인공지능 분야가 현재까지는 컴퓨터공학이 중심이 되어 인식 능력 향상에 초점이 맞추어져 왔다면, 앞으로는 산업공학이 주축이 되어 인식 능력과 더불어 이를 이용한 구체적인 의사결정을 제시할 수 있는 기술로 발전해야 할 것이다. 4차 산업혁명 시대의 산업공학은 단순히 공학의 한 분야가 아닌 모든 공학의 기초가 되는 학문으로, 진정한 공학의 지휘자 역할을 해야 할 것이다.

CHAPTER 04

스마트 그리드를 통한
에너지 관리

홍익대학교 석혜성 교수

인류에게 에너지란 없어서는 안될 필수적인 삶의 요소이다. 가정과 산업 현장에서 필요로 하는 에너지는 그 관리와 운영에 대한 면밀하고 체계적인 접근이 필요하다. 최근 에너지 분야는 산업공학 분야에서 주목받고 있는 주요한 문제로 대두되고 있다. 특히, 다양한 IoT 기술을 이용하여 에너지의 디지털화를 촉진하는 에너지 4.0시대의 도래는 산업공학의 최적화 기법, 인공지능 기법의 접목을 가속화시키고 있다. 본 장에서는 에너지의 효율적 소비와 관리를 위한 스마트 그리드 관점에서 산업공학이 에너지 분야에 어떻게 활용될 수 있는지 소개한다.

우리의 삶과 에너지

서울 마포구에 사는 주부 김은하 씨는 지난 달 사용한 전기요금을 보고 깜짝 놀랐다. 나름대로 전기를 아껴 쓴다고 썼는데 50만 원에 육박하는 요금이 나왔다. 곰곰이 생각해보니 수시로 땀띠가 나는 두 살배기 딸 때문에 하루 종일 에어컨을 틀 수밖에 없었고, 넘쳐나는 빨래를 하기 위해서 수시로 세탁기를 돌리긴 했었다. 또 장마철에는 너무 습해 빨래가 제대로 마르지 않아 제습기를 반나절씩 틀어 놓았다. 정말 올해 여름은 더워도 너무 더웠다. 건강한 성인이라고 해도 뙤약볕에 5분을 서있기가 힘들었다. 한창 더웠던 7월 말부터는 뉴스에서 이틀에 한번 꼴로 불볕 더위에 쓰러진 사람들 이야기가 흘러나왔다. 지구 온난화로 점점 더 열대야가 되어가는 이런

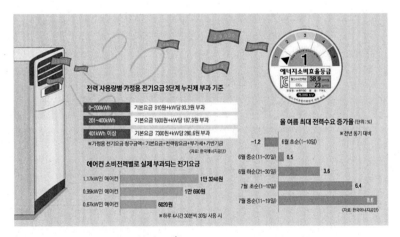

그림 4-1   2017년 전기요금 실태[1]

---

1) 2017년 전기요금 실태 (한국에너지공단)

상황에서 전기를 더 아낄 재간도 없었고 그렇다고 어마어마한 전기 요금을 무시하기도 어려우니 절로 한숨이 나왔다.

야근을 하고 늦게 온 남편에게 이야기를 했더니 요새 남편 회사도 전기요금 때문에 걱정이 많다고 했다. 남편은 자동차 부품을 생산하는 중소기업에 다니는데 주로 제조 공정의 일정계획 업무를 담당하고 있다. 매일 매일 납기에 맞추어 생산해야 하는 부품 대수가 정해져 있어 항상 관리가 필요한 일이었다. 남편 회사의 생산공정은 특성 상 열이 많이 발생하여 이를 낮춰주기 위한 쿨링 시스템을 지속적으로 가동해야 하는데 요즘처럼 더운 날에는 적정 온도를 유지 하는데 평소보다 많은 전력이 필요하게 되어 전기요금도 많이 나온다고 한다. 그래서 요즘 프로세스 담당 팀 내에서는 전기요금을 낮추면서 납기를 맞출 수 있는 방법에 대해 모색하느라 철야근무를 한다고 했다.

"스마트 그리드가 빨리 보편화되면 좋을 텐데 …."

남편이 중얼거리듯이 말했다.

"응? 스마트 그리드가 뭔데? 우리도 그거 쓰면 전기세 아낄 수 있어?"

은하 씨는 전기세를 아낄 수 있나 하는 생각에 눈을 반짝이며 물었다.

스마트 그리드(Smart Grid)란?

스마트 그리드는 '똑똑한'을 뜻하는 'Smart'와 전기, 가스 등의 공급용 배급망, 전력망이란 뜻의 'Grid'가 합쳐진 단어다. 즉 기존의 전력망에 전력 공급자와 전력 소비자의 양방향 통신이 가능한 정보 기술을 융합하여 소비자와 생산자 각자의 에너지 생산과 소비의 효율을 최적화할 수 있도록 하는 것이다. 좀 더 포괄적인 개념으로는 기존의 전력망에 ICT 기술을 융합하여 에너지 효율을 최적화하는 지능형 전력망과 더불어, 이를 기반으로 중전, 통신, 가전, 건설, 자동차, 에너지 등 유관산업간의 융합 및 시너지 기회를 제공하고 이를 촉진하기 위한 법, 제도, 프로그램 등의 제반 플랫폼을 갖춘 녹색성장 플랫폼을 통칭한다〈그림 4-2〉.

스마트 그리드 기술의 핵심은 참여자들 사이의 빠른 정보 공유로, 예를 들어 소비자는 생산자가 제공하는 가격 정보를, 생산자는 소비자가 제공하는 사용 정보를 알 수 있다. 주어진 정보를 통해 소비자는 전체 소비량에 따른 실시간 단가를 확인한 후 소비를 결정할 수 있게 되고 가정용 태양광 발전기 등에서 생산한 전력을 공급자에게 되팔 수도 있게 된다.

이를 위해서는 기본적으로 각 가정 또는 공장에서 사용하는 전력량과 소비 계획을 자동으로 관리해 줄 수 있는 도구와 정보를 수집할 수 있는 통로가 필요하다. 에너지 관리 장치(Energy Management Controller: EMC)가 그 역할을 하며, 각종 가전제품과 공장 설비에

그림 4-2 스마트 그리드의 적용[2]. 건물 내 전력, 가스, 물 등을 제어할 수 있는 냉
·난방 운영설비부터 에너지 저장 시스템(ESS), 스마트 계량기(AMI), 에너지 관리 시
스템(EMS), 전기차 및 충전소, 분산 전원, 신·재생에너지, 양방향 정보통신기술, 지능
형 송·배전 시스템 등으로 구성.

부착된 센서로부터 실시간 정보를 제공받아 각 가정과 공장에서 하
루에 사용해야 할 전력량을 적합한 시간대에 소비하도록 최적 계획
을 수립해준다〈그림 4-3〉. 즉 가전제품에 IT를 적용해 가정 내 전
력 네트워크를 구성하여 사용하지 않는 기기를 구분하고, 전기요금
이 가장 저렴한 시간대에 충전하도록 만드는 것이다. 더 나아가서
는 건물 전체 혹은 여러 건물들을 연결해서 전기요금이 저렴한 시
간에 전기를 저장해두었다가 필요한 시간에 사용하도록 하여 대규
모 정전사태를 방지하고 보다 효율적인 전기사용을 가능하게 한다.

---

2) 스마트 그리드의 적용 (한국스마트그리드사업단)

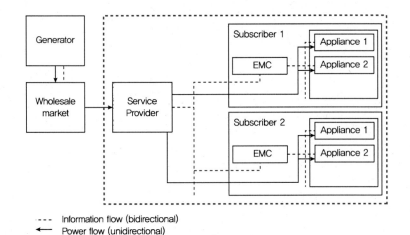

```
- - -   Information flow (bidirectional)
←       Power flow (unidirectional)
```

그림 4-3   EMC(Energy Management Controller)의 역할[3]

이러한 과정들은 필요에 따라 소비자의 핸드폰이나 가정 또는 공장
에 설치된 모니터를 통해 실시간으로 확인하고 제어할 수 있다.

수요 반응 가격제

이러한 기술의 흐름에서 가장 중요한 것은 바로 전력시장의 수요반
응(Demand Response: DR) 가격제이다. 수요 반응 가격제는 소비
자의 수요량을 반영한 부하량에 따라 인센티브와 누진요금을 제시
하여 소비자의 반응을 이끌어내는 방식이다. 이를 실시간으로 적용
한 모델을 실시간 가격제(Real-Time-Pricing: RTP)라고 할 수 있는

3) H. Seok & S.P. Kim (2018), Incentive-based RTP model for balanced and cost-effective smart grid. IET Generation, Transmission & Distribution, 12(19), 4327-4333.

데, 이미 여러 연구를 통해 그 효율성이 입증되고 있다. 유럽의 여러 국가에서 전력시장의 효율화, 온실가스 저감, 에너지 효율 향상 등의 정책에 DR 제도를 도입했고 점점 늘어가는 추세이다. 그렇다면 실질적으로 가정과 공장에서 어떻게 적용되어 전기요금을 낮출 수 있는 지 사례를 살펴보자.

가정용 전력 소비자의 최적 소비 계획

각 가정에서의 EMC는 소비자의 비용을 최소화하도록 전기기기들의 소비 계획을 세운다. 소비 계획이 가능한, 즉 소비 시간 또는 소비량을 유연하게 바꿀 수 있는 기기에 한해 최적 사용시간과 소비량을 결정하는 것이다. 일반적으로 이른 아침이나 늦은 밤처럼 사람들이 전기를 많이 사용하지 않는 Off-peak time에 기기를 사용하면 비용을 절감시킬 수 있으나, 지연을 통해서 생기는 불편함 역시 고려해야 한다. 불편함과 전기요금에 대한 효용함수는 각 가정마다 다를 수 있고 최대 허용 가능한 지연시간도 다르다. 가령 아이 둘이 있는 미영 씨네는 아이들이 유치원에 등원해 있는 오전 9시부터 오후 3시까지 모든 집안일을 해야 하기 때문에 낮 시간 동안 세탁기, 건조기, 청소기, 식기세척기 등을 통해 많은 전기를 소비해야 한다. 반면 맞벌이 부부이고 야근이 잦은 건호 씨네는 늦은 밤이 되어서야 집에 돌아오기 때문에 평일에는 전력 소비가 거의 없는 대신 주말에 밀린 집안일을 하느라 전력 소비가 크다. 또 올빼미족인 대학생 두 아들을 둔 현주 씨

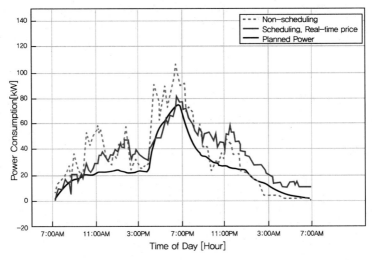

그림 4-4 가정용 전력 소비자들의 Real-Time-Pricing(RTP) 적용 결과[4]

네는 밤 10시부터 새벽 4시까지 상대적으로 많은 전력을 소비한다. 이런 식으로 각 가정마다의 소비 패턴을 바탕으로 허용 가능한 지연 시간과 선호시간을 최대한 만족시키면서 전기요금과 불편을 최소로 하는 최적 소비 계획을 제공하는 것이 EMC의 역할이다.

〈그림 4-4〉는 80명의 가정용 전력 소비자들의 하루 동안의 전력 소비량(오전 7시부터 다음날 오전 7시까지)을 나타내고 있다. 피크 타임은 오후 5시부터 오후 8시까지이다. RTP를 적용하지 않았을 경우에는 오후 7시 정도에 총 소비전력이 100kwh를 육박하게 된

---

4) S. Kim & H. Seok, A RTP-based residential Energy Consumption Scheduling Integrated with a RTP-based Energy Storage System as a Power Provider, Working paper.

다. 반면 RTP를 적용할 경우, 소비자들의 일부가 전기요금 피크 타임을 피해서 소비 계획을 수정하면 피크 타임 시간대 총 소비전력의 20%가 감소된다. 이런 방식으로 소비자들의 만족도를 유지시키면서 동시에 안정적인 전력 수급 계획을 도모할 수 있다.

산업용 전력 소비자의 최적 소비 계획

가정용 전력 소비자들과 마찬가지로 각 공장마다 업종과 프로세스의 특징에 따라 전력 소비 패턴이 다르다. 가령 반도체 공장은 24시간 가동해야 하는 사업 특성상 일정 수준의 전력을 지속적으로 소비해야 한다. 반면 인쇄나 금속 공장에서는 피크 타임을 피해 유연한 소비 계획을 고려해볼 수 있다.

예를 들어 〈그림 4-5〉는 각 시간대별 전기요금을 고려하여, 총 비용이 최소화 되도록 생산공정을 운영하는 모델을 제안하고 있다 〈그림 4-5〉. 〈그림 4-5〉의 Machine A의 경우, 높은 요금이 부과되는 피크 타임 시간대인 11시대와 13~16시에는 가동을 중단하는 것이 최적의 솔루션이다.

실제로는 다양한 제약들이 있어 부분적인 생산 운영 변동만이 가능할 때가 많다. 예를 들어 하루에 가동시킬 수 있는 기계들의 가용 능력과 납기량, 그리고 공정의 순서와 특정 기계에서 생산을 해야 하는 조건 등을 모두 고려해야 하기 때문에 보다 복잡한 최적 소비 계획을 수립하는 데에는 많은 어려움이 있다.

Machine Timeslot	A	B	C	D	E	F	G	H
1	15	12	10	10	10	10	10	10
2	15	12	14	10	10	10	10	10
3	15	12	6	10	10	10	10	10
4	15	12	18	10	10	10	4	4
5	15	12	2	10	6	6	12	12
6	15	12	16	10	14	12	12	12
7	15	12	18	10	10	12	12	12
8	15	12	0	10	10	10	10	10
9	15	12	18	10	10	10	10	10
10	15	12	18	10	10	10	10	10
11	0	12	6	10	10	10	10	10
12	10	12	18	10	10	10	10	10
13	0	12	0	10	10	10	10	0
14	0	4	16	10	10	10	10	0
15	0	0	0	10	0	0	0	0
16	0	0	0	10	4	4	4	0
17	10	10	10	10	14	14	12	8
18	12	12	12	10	11	10	12	16
19	12	12	12	10	14	15	12	16
20	6	6	6	10	9	9	12	16
21	10	10	10	10	14	14	12	16
22	10	10	10	10	10	10	12	16
23	12	12	12	10	14	14	12	16
24	8	8	8	10	10	10	12	16

그림 4-5 산업용 전력 소비자의 최저 요금 최적 스케줄링[5]

그렇다면 소비자들의 전기요금을 최소화하고 안정적인 공급을 계획하기 위해서는 최적화 문제만 풀면 해결될까? 이것만으로는 답이 될 수 없다. 전력 수급에 따른 전력가격의 예측이 있어야 최적화 문제를 풀 준비가 되는 것이다.

5) Park, J., Park, S., & Ok, C. (2016). Optimal factory operation planning using electrical load shifting under time-based electric rates. Journal of Advanced Mechanical Design, Systems, and Manufacturing, 10(6), JAMDSM0085-JAMDSM0085

빅데이터 분석을 통한 정확한 전력 공급/소비/가격 예측

소비자들에게 최적 소비계획을 제공하기 위해서는 보다 정확한 전력 공급량과 소비량에 대한 예측이 필요하고 이를 기초로 전력의 예측 가격을 산정할 수 있어야 한다. 왜냐하면 최적 소비계획은 예측된 가격에 기반하여 정해지기 때문이다. 가령 실시간 가격정보라고 하여도 이 가격이 과거(예: 10분 전)의 수급량에 근거한 정보라면 이를 바탕으로 소비계획을 세워도 실제 부과되는 가격은 시간이 지나봐야 알 수 있는 것이다. 따라서 보다 정확한 가격정보를 알고 올바른 소비를 계획하고 결정하기 위해서 데이터를 이용한 여러가지 예측 기법을 활용할 수 있다.

과거의 전력 사용 패턴을 활용하여 단위시간마다 전력의 가격을 예측하는 유전 알고리즘이나 전력가격에 영향을 미치는 여러 가지 요소들(예: 과거 전력가격, 과거 수급 상태, 과거 기후 데이터 등)을 입력변수로 넣고 전력가격을 예측하는 인공신경망 등이 대표적이라 할 수 있다〈그림 4-6〉.

에너지 4.0 현재 진행형

스마트 그리드는 계속해서 발전하고 있다. 특히 4차 산업혁명에 힘입어 에너지 분야에서도 기존 스마트 그리드의 연장선으로 신재생

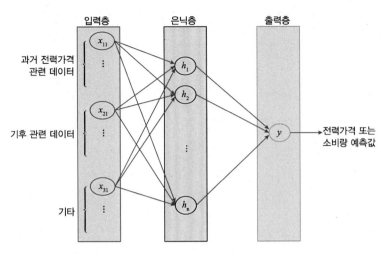

그림 4-6　전력가격/소비 예측을 위한 인공신경망

에너지와 보다 다양한 IoT 기술을 이용하여 에너지의 디지털화를 촉진하는 에너지 4.0시대를 도모하고 있다. 〈표 4-1〉은 에너지 4.0 의 주요기술들을 나타내고 있다.

　최근 들어 폭발적인 성장을 하고 있는 분산형 전원과 신재생에너 지 기술은 에너지 4.0의 주요요소이다. 분산형 전원은 대규모 집중 형 전원과는 달리 소규모로 전력소비 지역부근에 분산하여 배치가 가능한 발전설비를 일컫는다. 대표적으로 각종 신재생에너지와 소 규모 가정용 발전설비가 여기에 해당된다. 분산형 전원과 신재생에 너지를 효율적으로 사용하기 위해서는 용도에 따라 유연하게 대응 할 수 있는 양방향성 네트워크 구축이 필요하다. 이 네트워크는 기 존 에너지 인프라와 연동되고 호환성을 확보함으로써 적용 대상에 제약을 받지 않아야 하고, 보안 역시 철저하게 유지되어야 한다.[6]

표 4-1   에너지 4.0의 주요기술 및 적용방안[6]

기술부분	적용방안
인공지능 에너지 수요관리	ICT 기반 전사적 체계관리로 에너지 빅데이터를 활용하여 에너지 흐름 및 사용의 시각화와 효율의 최적화를 달성하는 에너지 관리
Internet of Energy (IoE)	분산화된 에너지 수급, 유연하고 지능화된 소비자 수요 반응, 분산형 그리드를 효과적으로 연계하는 ICT 기반의 에너지 인프라 구축
스마트시티	사물인터넷 또는 가상물리 시스템 기술을 활용하여 홈 오토메이션 및 분산형 전원 기술, 지능형 송배전망 관리 시스템 등의 적용
유비쿼터스 에너지	유비쿼터스 사회에서 요구되는 에너지 공급형태로 시간, 장소에 구애받지 않고 누구나 쉽게 전력을 공급 받을 수 있는 기술

또한 에너지 4.0시대에는 IoE와 유비쿼터스 기술을 통해 언제, 어디서든 양방향으로 에너지가 전달될 수 있고, 에너지소비 모니터링이 개별 기기단위에서 지역 및 국가, 글로벌 단위로 전 계층에서 가능하게 된다. 중앙집중형 대규모 발전소와 태양광과 풍력 등 분산형 소규모 신재생에너지 발전원들을 하나의 융합 시스템으로 연계하여 소비자들에게 안정적이고 효율적인 에너지 공급을 보장할 수 있다.

특히 센서들을 통해 데이터가 실시간으로 공유될 수 있도록 인터넷에 연결함에 따라 풍력과 태양광 등 신재생에너지의 생산과 전달에 있어 많은 문제들을 해결할 수 있을 것으로 전망된다. 예를 들어

6) 4차 산업혁명 시대의 에너지 정책 (산업연구원)

신재생에너지 설비를 원격에서 모니터링하고 제어할 수 있으며, 데이터 분석을 통해 예방진단과 고장예측 등으로 설비 가동률을 높일 수 있고, 에너지저장장치 및 지능형 그리드 관리 시스템 등과 연동해 신재생에너지의 변동성과 제약을 극복할 수 있다.

이렇듯 에너지 산업 전반에 걸쳐 여러 가지 데이터 분석과 네트워크 기술, 그리고 참여자들의 각기 다른 목적에 따른 이익 최대화를 푸는 방법들이 지속적으로 개발되어 우리 모두가 효율적인 에너지 사용이 가능한 날을 손꼽아 기다려본다.

CHAPTER 05

블록체인을 활용한 신서비스 설계

인하대학교 **정호상** 교수, 대한항공 **신동선** 부장

산업공학은 시대의 변화에 대응하며 진화해 왔다. 전통적인 제조 분야뿐 아니라 새로운 기술의 등장과 사회현상을 반영한 서비스의 설계와 개발, 운영에도 커다란 기여를 하고 있다. 최근 블록체인의 등장으로 이를 활용한 비즈니스 영역에 대한 관심이 증대되고 있다. 본 장에서는 블록체인의 확산이 어떠한 분야에 영향을 미치고 있는지에 대하여 고찰하고, 그 중 항공 마일리지 서비스와의 결합 사례를 소개한다.

블록체인이란?

블록체인의 기본 개념은 온라인상에서 금융 거래에 참여하는 사람들이 금융 거래 내역이 기록된 장부를 동시에 함께 기록하고 보관하는 분산형 거래 장부를 가져보자는 것이 그 출발이다. 새로운 거래가 발생할 때마다 거래 정보를 은행과 같은 독립된 기관이 관리하는 것이 아니라 거래 정보가 담긴 '블록'이란 것을 만들어 거래자들이 승인하면 기존 장부에 블록이 연결되면서 '체인'이 형성되는 원리이다. 블록 자체가 기존 블록들에 연결되고, 참여자들에 의해 승인되는 과정은 기술적인 내용으로 다소 복잡할 수 있으나 기본 원리는 중앙에서 기록들을 관리하지 말고 거래자들이 다 함께 같은 기록들을 들고 있자는 것이다. 다시 말해 블록체인을 활용하면 공인기관이나 제3자의 개입 없이 안전하고 투명한 거래가 가능해져 금융 분야뿐만 아니라 비금융 분야에서도 데이터의 보안성과 투명성을 높일 수 있다는 것이다.

그럼 블록체인을 좀 더 자세히 살펴보자. 블록체인이 주목받기 시작한 것은 비트코인이 등장하면서다. 블록체인은 비트코인과 같은 가상화폐와 동의어는 아니며, 비트코인이 운영되는 근간기술이라고 할 수 있다.

블록체인은 앞서 이야기한대로 모든 정보가 중앙에 집중되는 중앙 집중형 시스템(은행 등)에서 벗어나 거래에 참여하는 모든 개체들이 동일한 거래 정보를 복제해 두는 방식을 이용한다. 일례로 비

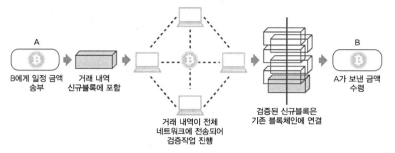

그림 5-1 블록체인의 기본 원리

트코인의 경우 참여하는 모든 컴퓨터는 원장이라는 거래 장부 파일을 갖게 되며, 비트코인은 이 거래 장부를 통해 개개인이 보유하고 있는 화폐 수량을 추적할 수 있도록 설계되어 있다. 거래 내역은 장부 끝에 블록으로 추가되는 구조로 되어 있고, 해당 블록은 이전 블록과 연결되어 있기에 특정 거래 내역을 위변조하려면 전체 블록을 모두 추적하여 변경하지 않는 한 불가능한 구조이다. 비트코인의 핵심 기술로 활용된 블록체인은 암호 화폐 지원뿐만 아니라 보다 다양한 목적으로 활용하기 위해 진화되어 갔다.

블록체인이 관심을 받게 되면서 참여 네트워크의 성격, 범위, 거버넌스 체계 등에 따라 블록체인의 종류가 다양해졌다. 대표적으로는 퍼블릭(Public) 블록체인, 프라이빗(Private) 블록체인, 컨소시엄(Consortium) 블록체인으로 구분할 수 있다. 퍼블릭 블록체인은 누구나 원하기만 하면 네트워크에 접근하여 거래 내역을 읽거나 거래를 검증하고 생성할 수 있도록 한다. 일반적으로 퍼블릭 블록체인은 참여자들이 익명으로 참여할 수 있도록 되어 있고, 거래를 검증하거나 참여자 간의 합의를 도출하는 등 블록체인을 유지하기 위해 참여자들에게 통화를 발행해 줌으로써 인센티브를 제공한다.

프라이빗 블록체인에는 개별 기업이 운영하는 분산 원장 시스템과 컨소시엄이 운영하는 컨소시엄 블록체인이 있다. 개별 기업이 자신의 원장 관리를 위해 운영하는 시스템은 중앙의 서버가 개별 참여자의 접근과 권한을 승인하는 시스템이다. 다수의 기업 혹은 컨소시엄이 운영하는 컨소시엄 블록체인은 미리 지정된 개인이나 단체가 참여자 간의 합의 프로세스를 검증하는 권한을 갖는다. 국제무역과 관련된 화주기업, 해운회사, 세관 등의 이해 관계자들이 운영하는 컨소시엄 블록체인은 국제무역에서 사용되는 복잡한 계약관련 문서들과 신고서 등의 등록과 관리를 탈중앙화된 방식으로 처리한다.

블록체인 활용 동향

그럼 블록체인은 어떤 분야에서 쓰이고 있을까? 최초 금융 분야에서 출발한 블록체인 기술은 지금도 빠르게 진화 중이며, 금융 분야를 넘어 물류, 유통, 공공, 제조 등 전 영역에 걸쳐 활용 분야가 계속 확대되어 나가고 있다.

블록체인이 물류 분야에 활용되는 면을 살펴보자. 세계를 오가는 화물의 90%는 해상을 통해 운송된다. 이 과정에 화물을 수송하는 해운사, 화물을 맡기는 화주, 이를 받아 하역하는 항만 등 수많은 주체가 있다. 화물의 분실이나 파손이 발생할 때 책임 소재를 따져야 하는데, 이 과정에서 확인이 쉽지 않다. 또 거래 내역 데이터베이스에 대한 해킹이나 조작에 대한 우려도 있다. 대부분의 해상운송이 국제 거래라는 점도 문제를 복잡하게 만드는 원인이다. 이러한 문제 해결을 위해 블록체인이 대안으로 떠오르고 있다.

IBM과 세계적 선사(船社)인 머스크(Mersk)는 블록체인을 활용하여 컨테이너 추적을 시도하고 있다. 컨테이너가 이동하는 경로에 존재하는 화주, 선사, 컨테이너 터미널, 세관 등 모든 주체에 분산형 거래 장부를 설치하여, 컨테이너의 이동 경로를 실시간으로 추적하는 개념인데, 과거에는 수작업과 문서를 통해 이를 수행했지만, 블록체인 기술을 활용하면 컨테이너별 실시간 경로를 파악할 수 있다. 또한 블록체인의 특성을 살려 과거 이동 경로 전체에 대해서도 정확한 정보를 파악할 수 있게 된다.[1]

공공 분야에서 텍스트 문서의 디지털 서명을 블록체인에 연결하면 계약을 안전하게 체결하고 관리할 수 있어서 디지털 자산, 공공시설, 건축물, 토지, 자동차 리스, 소유권 확인 등에 활용될 수 있다. 디지털 서명의 경우, 블록체인에서 서명하면 내용과 시점이 명백하게 기록되어 향후 분쟁이 발생되더라도 블록체인을 이용하여 해결할 수 있으며, 표준계약 포맷 등을 개발하면 블록체인 기반의 비즈니스도 가능하다. 또한, 개별 거래에 대한 계약 조건을 사전에 설정하여 놓고 조건이 충족되는 시점에 바로 결제가 이루어지게 할 수

---

1) 송상화(2017), "[송상화의 물류돋보기]블록체인이 물류를 바꾸는 3가지 시나리오", CLO(http://www.clomag.co.kr/article/2282, 2017. 5. 18.).

도 있다. 주식시장에서는 계약 체결과 정산 사이에 발생하는 2일 정도의 시차를 없앨 수 있으며, 금융기관과의 거래에서 주고 받는 각종 서류들도 블록체인 기술을 활용하여 대체할 수 있다.[2]

세계적인 유통기업 월마트는 IBM, 중국 칭화대학교와 함께 중국인들의 식탁에 안전한 식품을 제공하기 위해 컨소시엄 블록체인 기술을 활용한 시범 프로젝트를 2017년 12월 시작했다. 시범 프로젝트는 중국인들이 많이 섭취하는 돼지고기를 대상으로 공급자로부터 월마트 매장 진열대까지의 이동과정을 추적하는데 초점을 맞췄다. 돼지사육농장의 정보, 배치(batch) 번호, 공장 및 가공 데이터, 유통기한, 보관 온도, 운송 세부 사항을 포함하여 공급자로부터 소비자에게 식품을 인도하는 과정의 각 단계마다 관련 정보들이 블록체인에 기록된다.

이러한 정보는 블록체인에 참여하는 모든 구성원들의 합의에 의해 블록체인에 기록되며, 합의가 이뤄진 후에는 변경할 수 없는 영구적인 기록으로 남는다. 물론 식품이 어떻게 농장에서 고객의 식탁까지 흘러가는지를 추적하기 위해 과거에도 많은 기업들이 노력을 기울여왔다. 그러나 아직까지 일관되고 표준화된 방법론이 현업에 정착된 것이 아니라서 블록체인에 대한 기대가 더욱 커지고 있다. 또한 식품 안전의 측면에서 봐도 블록체인을 활용하여 유통과정 내 정보들을 보다 정확하게 실시간으로 기록, 보관한다면 식품

2) 임명환(2016), "블록체인 기술의 활용 동향 분석", 주간기술동향 2016. 11. 16, 정보통신기술센터, pp.2~14.

섭취 후 이상증세 등이 발생했을 때 신속하게 유통과정 상의 문제점을 들여다 볼 수 있다. 특히 이런 식품 관련 사고들은 대개 특정 공급자, 특정 생산라인 한 곳의 문제로 발생하는 경우가 많아서, 블록체인을 활용한다면 문제를 야기한 특정 지점을 신속하고 정확하게 확인하고 조치를 취할 수 있게 된다.[3]

사물인터넷과 이를 활용한 스마트 팩토리로 대표되는 제조 분야의 혁신에도 블록체인이 도움이 될 수 있다. 기존의 중앙 서버를 이용하여 수많은 장비들을 관리하는 경우, 특정 서버가 고장이 나면 해당 서버에 연결된 모든 장비들은 작동 불능에 빠질 수 있다. 따라서 블록체인 기술의 핵심 원리이기도 한 분산형의 P2P(Peer-to-Peer) 네트워크를 활용하는 것이 사물인터넷 기반의 제조공정을 보다 원활하게 관리하는데 도움이 될 수 있다.

이미 IBM은 블록체인 기술을 이용한 사물인터넷 플랫폼 'ADEPT'를 개발하였는데, 이 플랫폼은 삼성전자의 스마트 세탁기를 블록체인 네트워크에 연결하여 소모품 교체를 위한 주문과 자체 점검을 통한 유지관리를 스스로 해결하는 데 활용되고 있다.

주식거래 분야에서 기존의 장외주식과 같이 공식 채널을 이용하지 않고 거래가 이루어지는 비상장 주식을 거래하기 위해 블록체인을 활용하려고 한다. 비상장 주식은 비공식 채널을 이용하고 기업 정보가 잘 알려져 있지 않아 투자가 어렵다. 따라서 국내의 경우 비

---

3) Forbes, "IBM & Walmart Launching Blockchain Food Safety Alliance in China with Fortune 500's JD.com," 2017. 12. 14.

상장 주식의 거래는 일부 비공식 채널 또는 브로커를 통해서 주로 이루어지므로 사기의 위험성에 노출되어 있다. 해외의 경우에는 비상장 주식 거래 시장이 비교적 잘 이루어져 있으나, 비상장 주식 거래를 위해서 일일이 변호사에게 거래를 승인받아야 하므로 상당한 시간이 소요된다. 비상장 주식 시장의 활성화는 벤처기업의 성장에도 영향을 미칠 수 있다. 미국의 나스닥(NASDAQ)은 비상장 기업들의 주식 거래를 위한 플랫폼인 링크(Linq)에 블록체인을 도입하여, 체인닷컴(chain.com) 등 6개 비상장기업의 주식을 대상으로 전자증권 발행 서비스를 실시한 바 있다.[4]

항공 마일리지를 코인으로!

앞선 여러 사례들에서 알 수 있듯이 산업별로 블록체인의 활용은 이제 시작 단계이며, 앞으로도 많은 블록체인의 활용 가능성을 타진할 것으로 예상된다. 블록체인만이 가진 특징들과 성공적으로 적용된 사례들에서 유추해 보면 일상생활과 연계된 다양한 서비스들 중에서 많은 이해관계자(기업, 개인 등)들이 존재하고, 거래 내역의 보안성과 투명성이 중요한 경우에 블록체인의 장점을 극대화할 수 있을 것으로 보인다.

우리가 흔히 사용하는 여러 서비스들 중에서는 카드 포인트나 항

---

4) 한승우(2016), "블록체인 활용사례로 알아보는 금융권 적용 고려사항", 전자금융과 금융보안 2016-01, 금융보안원, pp.21~42.

공 마일리지 관련 서비스가 앞서 언급한 블록체인의 장점을 극대화할 수 있는 서비스가 될 수 있다.

일례로 항공 마일리지 제도는 항공여행을 자주하는 고객을 우대하는 제도로 현재는 보편화된 서비스 중 하나이다. 항공기 좌석은 재고가 존재할 수 없는 일회성 상품(시간이 지난 뒤에는 가치가 없는 상품)이고 통상 연간 25~30%의 공석이 발생한다. 이러한 공석을 단골고객 확보를 통해 활용하자는 취지에서 마일리지 서비스 제도가 도입되었다.

고객은 항공 서비스 이용실적에 따라 금전적 가치를 지니는 항공 마일리지를 지급받는 것 외에 항공사와 제휴한 사업자(신용카드 등)를 통해서도 이용 대금의 일정 비율로 마일리지를 지급받을 수 있다. 마일리지를 이용할 수 있는 주된 대상은 보너스 항공권과 좌석 승급이지만 점차 그 대상이 호텔 이용, 면세품 구입 등의 다른 상품이나 서비스로 확대되고 있다.

그러나 소비자들은 항공 마일리지 서비스에 대해 불만을 제기하고 있다. 대표적인 불만은 희망시점에 희망서비스를 사용하기 어렵다는 점이다. 예를 들면, 항공사가 보너스 항공권을 여유 좌석에 한하여 제공하는 것과 같이 여유 좌석 수의 조절로 마일리지 사용을 제한하는 경우가 있다. 또한 마일리지를 사용할 수 있는 기간을 설정함으로써 이전에 쌓아 놓은 마일리지가 소멸되는 경우도 있다. 항공사 입장에서도 마일리지 휴면 계정의 증가, 낮은 마일리지 사용률, 고객 확보를 위한 마케팅 비용, 낮은 고객 유지 비율, 시스템 관

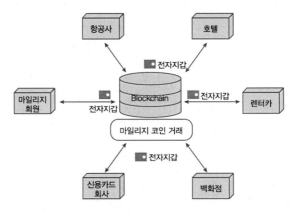

그림 5-2　블록체인 기반 마일리지 코인 거래 개념도

리 및 운영 비용 등으로 마일리지 제도 운영에 어려움을 겪고 있다.

　그럼 블록체인을 적용하여 항공 마일리지 서비스를 어떻게 개선 시킬 수 있을까? 가장 손쉽게 생각해 볼 수 있는 방법은 마일리지를 일종의 가상화폐로 보는 방법이다. 비트코인과 같이 마일리지를 가상화폐로 가정한다면 마일리지 코인 기반의 통합 마일리지 플랫폼을 구축할 수 있다. 다음의 〈그림 5-2〉는 블록체인 기반 마일리지 코인의 거래 개념도이다.

　그럼 마일리지 코인 거래가 어떻게 이뤄질지 생각해 보자. 항공사를 포함하여 신용카드사 등의 각 사업자들은 자사의 고객에게 제공할 마일리지 코인을 거래소로부터 미리 구매하여 전자지갑에 적립해 놓고, 고객이 항공기를 탑승하거나 또는 상품/서비스를 구매하면 금액 비율에 맞게 마일리지 코인을 지급하는 방식이다. 마일리지 코인 거래소는 현금과 마일리지 코인을 교환해 주는 역할을 하며, 직접 코인을 보관하면서 교환해 주거나 중간에서 수요자와 공급자를 연결만 시켜주는 역할을 한다.

블록체인 플랫폼에서 전자지갑은 각 사업자가 블록체인 플랫폼에 접근하기 위한 출입구 역할을 하며, 디지털 서명으로 신원을 보장하고 마일리지 코인을 저장하는 역할을 하게 된다. 각 업체는 스마트 컨트랙트라는 방식을 활용하여 전자지갑에 있는 마일리지 코인과 기존 마일리지 시스템 간의 자동 동기화 프로그램도 개발할 수 있을 것이다.

블록체인 기반의 마일리지 코인 거래는 항공 마일리지 뿐만 아니라 일반 사업자의 포인트 프로그램과도 통합할 수 있는 확장성 있는 구조로, 제3자의 중간 개입이 필요 없어 고객의 개인정보나 사업자의 보안 영역을 침해하지 않으면서도 투명하고 신뢰 가능한 플랫폼을 구축할 수 있다. 또한 규모에 상관없이 어느 사업자라도 마일리지 코인 거래에 참여할 수 있어 소비자 입장에서는 마일리지 사용 대상 업체가 크게 확대되는 효과가 있다. 또한 항공사별로, 업체별로 각기 운영되던 마일리지, 포인트 제도를 하나로 통합 관리가 가능해져 소비자는 소멸되는 마일리지/포인트를 줄일 수 있고, 관리의 편리함도 높아질 것이다. 항공사 입장에서는 마일리지 소진률이 높아져 마일리지 부채 비율을 낮출 수 있고, 고객 이탈률을 낮출 수 있는 기대 효과도 예상된다.

이러한 블록체인 기반의 마일리지 거래 플랫폼은 1차적으로는 관

표 5-1 현행 마일리지 서비스와 마일리지 코인 서비스 비교

기준	현행 마일리지 서비스	마일리지 코인 서비스
활용주체	항공사	통합 마일리지 구조로 항공사와 일반 사업자 모두 적립 및 사용 가능
사용처	항공사와 사전 제휴를 맺은 회사(신용카드 회사 등)	마일리지 코인 거래에 참여를 희망하는 모든 회사
사용조건	최소 사용량 이상으로 마일리지를 적립하지 못하면 사용 불가	1마일리지 코인만 적립해도 사용 가능하며 거래소 통해 현금화 가능
마일리지 관리	항공사 및 제휴 사업자별 마일리지/포인트 관리	전자지갑 계좌로 통합 관리
실시간 사용	실시간 마일리지 적립/사용 불가	실시간 마일리지 적립/사용 가능

련 기업들만이 참여하는 컨소시엄 블록체인 형태로 구현되어야 할 것으로 보이며, 각 기업에 회원으로 가입된 소비자들에 한해서 전자지갑 개설이 가능할 것이다. 현행 마일리지 서비스와 마일리지 코인 서비스 간 차이점을 정리하면 〈표 5-1〉과 같다.

블록체인 기반의 새로운 서비스들을 기다리며

블록체인은 다양한 4차 산업혁명 기술들과 함께 미래 세상을 바꿀 핵심 기술로 언급되고 있다. 거의 모든 비즈니스가 파트너들과의 협력을 바탕으로 진행되고, 기계, 사람, 프로세스 등이 모두 연결되는 사회로 나아감에 따라 특정 시스템과 기관에 데이터의 처리, 인

증, 보관이 지나치게 집중되는 중앙 집중형 체계는 여러모로 비효율적이다. 따라서 분산된 다수의 힘으로 네트워크를 유지해 나가는 블록체인이 기술적, 시대적 변화 관점에서 관심을 끌고 있는 것이다.

물론 아직까지는 암호 화폐 이외에 사람들의 주목을 받는 획기적인 서비스 모델과 이를 뒷받침할 속칭 킬러 애플리케이션이 나오지 않았기에 다소 어수선한 상황인 것은 사실이다. 그러나 인터넷이 처음 개발된 이후 상당 기간 인터넷의 기술적 가치는 인정하나 대중적 활용방법을 정확히 찾아내지 못했던 적이 있다. 당시에는 인터넷이 우리 세상을 이렇게 획기적으로 변화시킬지 대부분 몰랐으며, 심지어 아마존, 구글, 페이스북 등 인터넷을 기반으로 한 초대형 기업이 탄생할 것이라고 예측한 사람도 많지 않았다.

블록체인의 잠재력도 이와 유사하다고 생각된다. 물론 블록체인 기술 자체가 그 잠재력을 제대로 세상에 드러내지 못하고 사람들의 인식 저편으로 사라질 수도 있을 것이다. 블록체인 네트워크를 유지하는데 생각보다 많은 비용이 소요될 수 있고, 프라이빗 또는 컨소시엄 블록체인에서 사용자 검증 등을 담당할 시스템 및 서버에 대한 보안공격 가능성 등이 여전히 존재한다는 점 등을 들어 블록체인에 대한 지나친 장밋빛 전망을 비판하는 목소리도 만만치 않다. 또한 기술적 이슈 외에도 블록체인 참여자들에 대해 어떤 책임을 부여할 것인지, 또 국경을 넘는 블록체인 기반 플랫폼에 대한 규제 및 감독 문제도 존재한다.

그러나 많은 사람들이 그 가능성과 잠재력을 인지하고 인터넷 시대의 월드와이드웹과 같은 역할을 할 블록체인 기반의 서비스 모델과 기술을 개발하고 있기에 아직은 좀 더 지켜봐야 하겠다. 특히 앞으로 다가올 새로운 시대의 주역이 되고 싶은 창업 희망자들과 기존 비즈니스 모델의 지속적 혁신을 꾀하고 있는 경영자들은 블록체인 기술이 세상을 어떻게 바꿀지, 어떤 혁신적인 비즈니스 모델들이 세계 각국에서 연구되고 있는지 예의 주시할 필요가 있다.

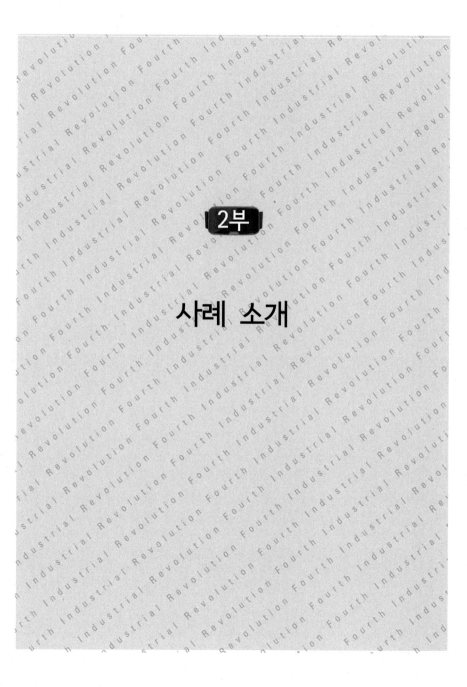

2부

사례 소개

CHAPTER 06

유연 생산으로
스마트 팩토리를 실현하다

연세대학교 정봉주 교수

PS 모터스 사업 본부장 김준형 씨는 분기 보고서를 검토하던 중 최근 1, 2년간 증가하고 있는 제품 수요와 달리 수익성은 악화되고 있다는 점을 깨닫는다. 그는 이를 해결하고자 YD 공장의 박동빈 공장장을 찾아가 두 달 내에 문제점을 파악해 수익성 개선을 달성하라는 지시를 내리고, 공장장과 실무진은 머리를 맞대어 문제의 원인을 분석하기 시작한다. 과연 YD 공장은 늘어나는 수요를 처리하고, 수익성도 높은 공장으로 탈바꿈할 수 있을까? 한정된 자원으로 가장 좋은 성과를 낼 수 있는 공장이 되는 방법은 무엇이었을까? 공장의 수익성 개선을 위해 실무진들과 진행한 회의에서 YD 공장의 해묵은 문제점들이 수면위로 떠오르는데 ….

승용차에서 내린 한 남자가 천천히 공장 쪽을 향해 걸어 들어가고 있었다. 남자가 공장 앞에 다다르자 공장 옆 사무동 문이 열리며 직원으로 보이는 한 사람이 달려나왔다. 차에서 내린 남자는 PS 모터스의 사업 본부장 김준형 씨였고, 그를 맞이하는 사람은 PS 모터스 YD 공장의 공장장 박동빈 씨였다. 두 사람은 가벼운 인사를 나눈 뒤 회의실로 들어갔다. 오늘은 박 공장장이 김 본부장에게 직전 분기 경영실적을 보고하는 자리로, 지난 분기 PS 모터스의 실적을 생각하면, 좋은 분위기의 회의는 될 수 없을 것 같았다. PS 모터스는 몇 년 전까지만 해도 국내 완성차 업계에서 두각을 나타내지 못했으나, 2년 전 신차 세베리노 출시를 기점으로 판매량이 증가하여 업계 3, 4위를 오가는 완성차 제조업체로 발돋움한 기업이었다. 현재 PS 모터스는 세베리노를 포함하여 모두 10개 차종을 시장에 판매하고 있다. 그러나 주력 차종인 세베리노를 제외한 다른 차종의 판매량은 꾸준히 감소하고 있어 PS 모터스 영업이익은 꾸준히 악화되고 있는 추세였다. 김 본부장은 오늘 이 문제를 논의하기 위해 PS 모터스 생산 기지인 YD 공장에 방문한 것이다.

김 본부장이 박 공장장의 보고를 모두 들은 뒤, 이야기를 이어갔다.

"박 공장장이 보여준 분석 보고서를 보면 우리 회사의 세베리노 판매량은 2년 전 최초 출시 이후 지난 분기까지 50% 이상 증가했어요. 이 회의에 들어오기 전에 내가 영업팀에 확인해 본 결과, 다음 분기에 확보한 세베리노 주문량 또한 전 분기 대비 증가했단 말이에요. 그런데 지금 보고를 들어보면, 솔직히 말해서 실망감을 감출 수가 없군요. 왜 우리 회사는 시장에서 검증된 제품을 보유했음에도 불구하고 경영 상황은 점차 악화되는 거지요? 난 분명 무엇인가가 잘못되고 있다고 생각해요. 우리에게는 제조 기술, 좋은 자동화 설비, 숙련공들, 그리고 시장에서 꾸준히 판매되는 제품 군이 있는데 대체 무엇이 문제인가 하는 말이에요. 지금 당장 잘못된 원인을 명확하게 규명할 수는 없지만, 앞으로 두 달 간 박 공장장은 우리 공장의 문제를 발견하고 그 원인을 파악한 뒤, 해결책을 제시하여 우리 회사의 수익성을 개선시켜주길 바래요."

김 본부장은 공장장과 간단한 인사를 나누고는 아까 타고 온 승용차에 다시 올라서 공장을 벗어났다. 본부장을 배웅한 공장장은 곧바로 생산관리팀장 손형민 씨, 재무팀장 김송희 씨, 그리고 영업팀장 이효선 씨를 호출했다.

급변하는 시장에서 생산효율성에 의문을 품다

사업본부장의 숙제를 받아 든 박 공장장은 회의실 안에 모인 이들을 향해 이야기를 시작했다.

"조금 전 사업본부장님이 우리 공장에 다녀가셨어요. 본부장님은 세베리노의 지속적인 판매량 증가에도 불구하고 왜 우리 수익은 점차 악화되는지 의아해하셨습니다. 그리고 앞으로 두 달 간 수익성 개선을 위한 해결 방안을 제시해주기를 원하셨어요. 그러기 위해서 우선 현재 우리가 직면한 문제점들을 하나씩 논의할 필요가 있을 것 같네요"

공장장의 말이 끝나자, 자리에 모인 세 명의 팀장들은 서로 눈치를 보며 어떤 이야기를 해야 할 지 고민하는 듯 보였다. 김송희 씨가 조심스럽게 입을 열었다.

"저희 팀은 올해 상반기 실적 자료를 활용하여 기여 이익을 도출해 차종별 손익 구조를 분석해 보았습니다. 이때 기존 기여 이익에서 고정제조경비를 뺀 값을 새로운 기여 이익으로 재정의하여 분석하였고, 그 결과 일부 차종은 생산 및 판매 증가가 수익에 악영향을 미치는 것을 발견하였습니다. 저희는 수익성을 저해하는 차종 생산의 실효성에 대해 의문을 갖게 됐어요."

박 공장장은 김 팀장의 이야기를 들으면서 속으로 약간 혼란스러워졌다. 수익성을 개선해도 모자랄 판국에 수익에 악영향을 미치는 차종들을 생산하고 있었다니. 주문이 들어온 이상 생산만 하면 수익은 늘어나는 것이 아니었나 하는 의문이 커져가던 찰나, 영업팀장 이효선 씨가 말을 시작했다.

"재무팀의 분석처럼 고객에게 판매해도 우리의 수익성에 부정적 영향을 미치는 차종들이 있을 수 있죠. 하지만 수익 극대화를 위해 차종별 이윤을 따져가면서 고객에게 주문을 받는 것은 현실적으로 불가능하다고 봅니다. 김 팀장님께서 고정제조경비를 고려한 손익 분석을 진행하셨다면, 수익성이 떨어지는 차종 생산에 의문을 가지시는 것 대신 수익성 개선을 위한 생산 시스템 운영 방안을 모색하는 것이 더 좋지 않을까요?"

이 팀장의 의견은 정확했다. 세베리노 출시로 이제 막 시장에서 위치를 다져가고 있는 PS 모터스 입장에서는 물불 가릴 처지가 아니었다. 다시 말해서, 고객이 원하는 사양의 제품을 좋은 품질로 납품하는 것이 최우선인 것이다. 이때, 아까부터 회의 내내 말 없이 듣기만 하던 남자가 이야기를 꺼냈다. 그는 PS 모터스 YD 공장의 생산관리팀장 손형민 씨였다.

"혹시 다른 두 팀장님은 우리 공장의 생산 시스템의 물류 특성을 알고 계시는지요? 우리 공장은 잘 아시다시피 차체-도장-조립 공정 순으로 구성되어 있는데, 이때 전체 시스템 관점에서 조립 공정이 병목인 상황이며, 조립 공정은 다시 총 3개의 조립 라인으로 구성됩니다."

손 팀장이 말한 대로 현재 YD 공장은 3개 조립 라인을 보유하고 있는데, 세베리노를 포함하여 3개 차종(P/O/N)을 생산하는 조립 1라인, 회사가 어려웠던 시기에 버팀목 역할을 했던 디알로를 포함하여 3개 차종(R/U/C)을 생산하는 조립 2라인, 마지막으로 나머지 4개 차종(D/T/I/O)을 생산하는 조립 3라인이 그것이다. 서두에 언급한 대로 최근 몇 년간은 세베리노가 포함된 조립 1라인이 가장 바쁘게 돌아가고 있는 실정이다.

손 팀장은 말을 이어갔다.

"각 조립 라인별 조장들과의 주간 미팅 때마다 항상 제기되는 문제가 '조립 라인별 가동률 차이'입니다. 아시다시피 세베리노의 주문이 지속적으로 증가하면서, 세베리노를 생산하는 조립 1라인은 2

교대에 잔업까지 해도 공급이 수요에 미치지 못하는 상황이 반복되고 있습니다. 반면 조립 2라인은 수요 부족으로 인한 계획 정지 때문에 가동률이 현저히 떨어지며, 조립 3라인은 어느 정도 가동률은 유지하고 있으나 생산하는 제품의 수익성이 매우 낮아 조립 2라인보다 낫다고 보기는 어려운 상황입니다."

김 팀장이 덧붙였다.

"저희가 재정의한 기여 이익은 기존 기여 이익에서 고정제조경비를 뺀 값이라고 말씀드렸었습니다. 방금 손 팀장님이 말씀하신 일부 라인의 낮은 가동률은 기여 이익 관점에서 보면 매우 나쁜 경우입니다. 생산량은 늘어나지 않는데 고정제조경비는 계속 증가하기 때문이죠. 만약 이 문제를 해결하기 위해 수요가 집중된 조립 1라인의 작업량 일부를 다른 두 라인에 배분하는 것은 어떨까요? 이렇게 하면 조립 1라인의 잔업을 대폭 줄일 수 있고, 세베리노 생산량도 더욱 늘어날 것이며, 다른 두 라인의 유휴 설비를 활용할 수 있어 시스템 전체의 수익성 개선도 가능할 것으로 보이는데요. 어떻게 생각하시나요?"

이는 직관적으로 생각했을 때 가장 합리적인 접근 방법이었다. 하지만 이 말을 듣던 손 팀장은 고개를 가로 저었다. 그리고 말을 이어갔다.

"안타깝게도 우리 공장의 조립 라인들은 각 라인에서 생산하기로 계획한 차종들만 생산할 수 있도록 설계되어 있으며, 예측 수요를 바탕으로 사전에 설계된 생산 능력의 한계(capacity limit)를 가집니

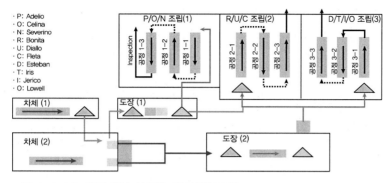

· P: Adelio
· O: Celina
· N: Severino
· R: Bonita
· U: Diallo
· C: Fleta
· D: Esteban
· T: Iris
· I: Jerico
· O: Lowell

그림 6-1　YD 공장 생산 시스템 레이아웃(ASIS)

다. 다시 말해서, 현재는 조립 1라인만이 세베리노를 생산할 수 있
다는 뜻입니다. 즉, 현 시스템에서 조립 1라인의 부하를 다른 조립
라인에 분배하는 방안은 현실적으로 실행이 어렵다고 할 수 있겠습
니다."〈그림 6-1〉

박 공장장은 팀장들의 이야기를 신중하게 경청하고 있었다. 그는
이들의 이야기를 종합해 결론을 내보려고 노력 중이었다. PS 모터
스의 수익성 악화는 차종에 따른 조립 라인 설계 및 운영과 차종별
수요 편중으로 인해 발생하는 자원별 가동률 차이가 그 원인이라고
판단하였다. 이를 해결하기 위해서는 결국 주어진 자원들을 최대한
으로 활용하여 가능한 많은 양의 제품을 생산할 필요가 있다는 결
론을 얻었다. 그러나 라인의 설계 단계부터 각 라인의 생산 가능 차
종을 제한하는 현재 시스템 구성 방식은 향후 제2, 제3의 세베리노
가 등장했을 때 다시 문제가 될 수 있다고 판단하였다.

박 공장장이 고민을 마치고 다시 이야기를 시작했다.

"여러분, 우리 회의의 결과를 정리해봅시다. 우리 PS 모터스의 미래 생산 시스템은 특정 차종 수요가 예상보다 급증할 경우 다른 조립 라인에서 부하를 나눠 부담할 수 있어야 할 것입니다. 또한 수익성 낮은 제품은 최소한의 자원만으로 유연하게 생산할 수 있는 생산 방식이어야 합니다. 모두 동의하시지요? 그렇다면 어떤 방식으로 이러한 생산 시스템 구현이 가능할까요?"

회의실에 있는 모두가 공장장의 마지막 질문에 잠시 동안 고민에 빠졌다.

잡샵 생산 방식에서 해답을 찾다

손 팀장이 회의실 한 켠을 응시하다가 입을 열었다.

"이 방 안의 모두가 아시다시피 현재 우리 공장 매출의 상당 부분은 세베리노가 담당하고 있습니다. 게다가 세베리노는 출시 전 예측보다 시장에서 더 많은 수요를 창출해내고 있죠. 그러나 조립 1라인의 생산 능력은 이를 따라가지 못해요. 그렇다 보니 세베리노의 수요 증가가 조립 1라인의 잔업 시간과 재고를 증가시키는 역할을 하게 된 겁니다. 심지어 앞으로는 잔업을 최대로 해도 수요를 충족시킬 수 없게 됐어요. 하지만 다른 조립 라인에서는 반대의 상황이 벌어지고 있지요. 설계된 생산 능력에 못 미치는 주문이 들어오다 보니 가동률이 낮은 상태로 운영되고 있죠. 하지만 어쩌겠습니까? 조립 2, 3라인의 설비를 조립 1라인에 가져다 쓸 수도 없는 노

룻이구요. 공장장님이 말씀하시는 유연한 시스템 구현이 가능하다면 더할 나위 없이 좋겠지만, 현재로서는 지금의 운영이 최선이에요."

김 팀장이 조심스럽게 설명을 덧붙였다.

"조립 1라인의 잔업과 재고의 증가, 생산 능력 초과로 인한 납기 지연은 모두 운영 비용의 증가로 이어지게 됩니다. 이는 결국 세베리노의 대당 기여 이익을 낮추게 되고, 생산할수록 수익성을 악화시키는 작용을 하고 있는거에요. 물론 가동률이 낮은 다른 조립 라인의 유휴 시간이 수익성 악화에 한 몫을 하고 있다는 건 더 설명할 필요도 없겠지요. 더 큰 문제는 앞으로도 세베리노 같은 케이스는 얼마든지 나올 수 있다는 것입니다. 라인 간 유휴 설비 공유를 통해 생산성을 높일 수 없다면 공장장님 말씀처럼 우리 공장 생산 방식의 대대적인 변화가 필요할 것으로 보이네요."

순간 회의실에 무거운 정적이 돌았고, 오랜 논의에도 별 다른 소득없이 회의의 주도권은 다시 공장장에게 돌아온 듯 보였다. 공장장은 답답한 마음에 혼잣말을 하듯이 작게 중얼거렸다.

'젠장, 우린 세베리노 하나만으로도 이렇게 버거운데, 우리보다 제품군이 훨씬 다양하고 시장수요 예측이 어려운 제조 업체들은 대체 어떤 식으로 운영하고 있는 거야?'

옆자리에서 공장장의 혼잣말을 들은 것일까? 지금까지 거의 말이 없었던 이효선 영업팀장이 말을 시작했다.

"저는 영업 업무만 하다 보니 현장을 잘 몰랐던 것 같습니다. 하지만 오늘 회의에 참석해 다양한 관점의 의견들을 듣고, 지금 막 공장장님의 말씀을 듣고 나니 떠오르는 것이 있어서 이렇게 한 말씀 드리겠습니다. 저는 몇 달 전에 TV 다큐멘터리를 통해 한 유명 가구 회사의 생산 시스템을 접할 기회가 있었습니다. 평소에도 그 회사에서 다양한 종류의 가구를 여러 차례 구매해봤었고, 배송도 빠르고 소위 말하는 가성비도 좋은 곳이라 흥미를 갖고 있던 회사였어요. 그런데 그들의 생산 시스템은 지금 제가 들은 우리의 시스템과 많이 달랐습니다. 다큐멘터리에 나온 그 회사의 생산기술 실무자는 다품종 소량 생산을 위해 생산 시스템 구성 시 비슷한 설비들끼리 묶어서 배치하고 범용 설비를 적극 활용하는 방식으로 생산 시스템의 유연성을 확보했다고 설명했어요. 단, 제품이 필요한 설비로 가서 작업되고, 작업이 끝나면 다음 설비로 이동하는 방식이므로 제품별로 최적의 작업 순서를 도출하는 방법과 그 순서가 문제 없이 진행될 수 있도록 하는 유연한 원자재 투입 방안 등이 중요한 이슈라고 이야기하더군요. 아까 김 팀장이 얘기한 것과 비슷한데, 우리도 이들의 생산 방식을 도입하는 것은 어떻겠습니까? 처음에는 가동률이 떨어지는 조립 2, 3라인을 방금 이야기한 형태의 생산 시스템으로 탈바꿈 시키는 것부터 시작하는 겁니다. 이 경우에 조립 2, 3라인에 들어온 주문을 처리하고 남는 시간에 유휴 설비들을 활용해 조립 1라인의 생산을 함께 할 수 있을 테니, 지금까지 논의한 현재 시스템의 문제점을 해결할 수 있지 않을까요?"

손 팀장은 이 팀장의 말이 끝나기가 무섭게 다소 흥분한 어투로

끼어들었다.

"이 팀장님이 보신 것은 잡샵(Job Shop) 생산 방식이라고 합니다. 이를 우리 생산 시스템에 도입한다구요? 우리가 생산하는 제품이 자동차라는 사실을 잊으신 건 아니겠지요? 하나의 작업이 끝난 자동차를 누가 다음 설비로 옮길까요? 아무리 유휴 설비의 활용도를 높이고 싶다고 해도, 잡샵 생산 방식은 자동차 생산에는 맞지 않습니다."

박 공장장은 잠시 고민을 하더니, 연구소 책임연구원 오미현 씨를 회의실로 호출했다. 갑작스런 공장장의 회의 호출에 다소 놀란 표정으로 달려온 그녀에게 지금까지의 회의 내용을 간략히 전달하고, 잡샵 생산 방식 도입의 실현 가능성에 대해 질문했다.

갑자기 달려와 가빠진 호흡을 진정시키면서도, 오 연구원은 차분하게 자신의 생각을 이야기하기 시작했다.

"잡샵 생산 방식을 도입하기 위해서는 가장 먼저 조립이 필요한 차체들을 각기 필요한 공정에 차례로 운반할 수 있어야 합니다. 차체가 안착된 스키드를 지게차로 이동시키는 방법도 있겠으나, 이것이 엄청난 라인 내 혼란을 유발할 것이라는 점은 어렵지 않게 상상해볼 수 있으실 겁니다. 다시 말해서 중앙 제어가 가능한 자동 흐름 관리 시스템이 필요할 거라고 생각합니다."

손 팀장은 여전히 못마땅한 얼굴로 오 연구원의 얘기를 듣고 있었고, 이를 본 오 연구원은 잠시 고민하는 듯싶더니 다시 말을 이어나 갔다.

"이를 구현하기 위해 무인 운반차(Automated Guided Vehicle, AGV) 기술을 활용할 수 있을 것 같습니다. 예를 들어서 조립이 필요한 차체를 안착하여 라인 내 설비 사이를 이동할 수 있는 무인 운반차를 도입한다면 쉽고 빠르게 차체 운반이 가능할 것입니다. 그리고 이 무인 운반차는 바닥에 설치한 센서를 인식하여 각자의 위치 정보를 중앙 서버에 동기화하고, 중앙에서는 해당 정보를 통해 각 차체가 정해진 순서대로 작업되고 있는지 모니터링할 수 있게 됩니다. 현재 세베리노가 생산되고 있는 조립 1라인은 이미 확정된 수요를 고려했을 때 생산 방식 변경의 위험이 크다고 판단됩니다. 대신에 조립 2라인과 조립 3라인의 생산성 분석을 진행하여 가장 비효율적인 라인부터 잡샵 생산 방식으로 변경한 뒤 유휴 시간을 세베리노 생산에 투입한다면, 우리가 보유한 설비와 인력의 활용도가 크게 높아질 것은 분명합니다. 결과적으로 세베리노의 출하량은 증가할 것이고, 재공 및 완제품 재고는 감소할 것이므로 우리 공장의 수익성 개선이 가능할 거예요."

박 공장장이 흥미로운 표정으로 이야기를 이어나갔다.

"흥미로운 아이디어였어요, 오 연구원. 방금 이야기한 똑똑한 무인 운반차에게 적당한 이름을 지어 두도록 합시다. 나중에 실제로 이 프로젝트를 진행할 때 도움이 될 것 같아요. 혹시 생각나는 명칭이 있어요?"

오 연구원은 공장장의 동조에 약간 상기된 표정으로 조심스럽게 대답했다.

"제 생각에는 '변화하는 고객 수요에 대응하여 유연한 생산을 가능하게 한다'라는 의미에서 유연 제조 유닛(Flexible Manufacturing Unit, FMU)이라고 하면 어떨까요?"

모두가 기술적인 실현 가능성에 대해 수긍하던 중, 손 팀장이 자신과 반대되는 의견을 내놓은 오 연구원에게 따지듯이 물었다.

"오 연구원님 말씀처럼 현재 비효율적으로 운영되고 있는 라인부터 잡샵 생산 방식으로 바꾸고, 그 안에서 차체들이 FMU에 안착돼 정해진 순서대로 이동된다고 가정해봅시다. 하지만 설비 간의 운반만으로 조립 공정이 제대로 운영되는 것은 아닙니다. 잡샵 생산 방식에서 작업자 한 명이 빈번하게 바뀌는 제품의 조립 작업을 하면서 생산성을 유지하려면, 제품별로 필요한 원자재의 적시 공급도 필수입니다. 하지만 안정적인 원자재 공급을 위해 그 많은 종류의 부품들을 작업자 옆에 쌓아둘 수도 없는 노릇인데, 여기에 대해서는 어떤 방안이 있으신가요? 우리 공장에서 생산하는 차체의 크기와 현재 조립 2, 3라인의 면적을 생각했을 때, 앞서 제안하신 FMU로 원자재 조달까지 하려고 했다가는 공장이 온통 FMU들로 빽빽하게 채워질 것 같은데요."

오 연구원은 잠시 생각에 잠겼다.

'흠, 손 팀장님의 말씀이 맞아. FMU를 이용하면 공정 순서에 맞게 차체를 운반할 수는 있지만, 원자재 운반까지는 무리일거야. 공간 제약으로 인해 작업 동선이 나오지 않을게 분명해. 반도체 공정에 사용되는 Over Head Transporter를 활용하면? 자동차 조립에 사용되는 부품을 나르기에는 무리일 것 같군. 비슷한 형태를 유지하면서 무거운 원자재도 운반할 수 있는 구조는 어떨까?'

이윽고 오 연구원이 조심스레 말을 꺼냈다.

"이건 어떨까요? 공장 천장에 원자재 조달용 레일을 설치하는 거에요. 사실은 반도체 공정에서 사용되는 Over Head Transporter에서 아이디어를 얻은 건데요. 우리 공장에서 다루는 부품의 무게가 반도체에 비해 훨씬 무겁고 부피도 크기 때문에 이를 견딜 수 있도록 더욱 견고하게 설계하여 크고 무거운 부품도 운반할 수 있도록 하는 거죠. 예를 들어 FMU가 다음 작업 위치로 이동할 때 해당 위치의 원자재 재고를 중앙에서 미리 체크하고 필요할 때 자동으로 원자재 창고에 자재 보충을 요구하게 됩니다. 그러면 원자재 창고로부터 레일을 통해 필요한 부품이 특정 위치까지 도달하게 되는 거에요. 특히 엘리베이터를 타고 원자재가 내려오는 형태로 설계하면 공간 제약과 적시 공급 문제를 함께 해결할 수 있을 것 같습니다. 한 가지 더 말씀드리자면, 앞서 제안한 FMU처럼 유연하게 움직이며 원자재의 이송을 담당하므로 유연 배송 유닛(Flexible Delivery Unit, FDU)이라고 부르면 좋겠습니다."

박 공장장은 자신도 모르게 오 연구원의 이야기에 굉장히 집중하고 있었다.

"오 연구원이 말한 대로라면 조립 라인의 바닥과 천장을 모두 활용할 수 있겠어요. 그러면 손 팀장이 제시한 문제점을 해소할 수 있을 것 같은데요. 물론 자세한 설계는 연구소와 공장의 실무자들이 만나 진행해봐야 할 테지만 말이죠."

박 공장장의 말이 끝나고 모두가 손 팀장을 응시했다. '아마 또 다른 반대 의견을 제시하겠지?'라고 생각하고 있는지도 모른다. 하지만 손 팀장은 반대를 위한 반대를 하는 사람이 아니었다. 10년 가까이 YD 공장의 생산관리 업무를 수행하면서 항상 돌다리도 두드려보고 건너왔던 그였고, 그래서 스스로에게 확신이 필요했던 것이었다.

"기존에 비효율적으로 운영되던 일부 조립 라인의 생산 방식을 잡샵 형태로 변경하고, 여기에 FMU와 FDU를 접목시켜 자동 흐름 관리 기반의 유연 생산과 이에 최적화된 원자재 투입이 가능해진다고 해보죠. 그렇다 하더라도 문제는 또 있습니다. 기존 컨베이어 생산 방식에서는 조립 라인별 차종의 변화가 크지 않아 작업자의 작업 복잡도가 낮았습니다. 그러나 잡샵 생산 방식에서는 한 명의 작업자가 수시로 변하는 작업을 해내야 할 것이며, 이는 작업 복잡도를 급격히 높이게 될 것입니다. 또한 작업자들의 작업 복잡도 증가뿐만 아니라, 공정 숙련도 하락으로 인한 생산성 저하 문제는 어떻게 해결하실 생각이십니까?"

모두의 시선이 다시 한 쪽으로 쏠렸고, 오 연구원은 고개를 끄덕이며 답변을 시작했다.

"사실 아까 잡샵 생산 방식 도입의 가능성을 물으실 때부터 그 부분을 고민하고 있었습니다. 손 팀장님의 염려에 전적으로 동감합니다. 분명히 잡샵 생산 방식을 도입하면 작업자의 작업 복잡도가 높아질 거예요. 저는 가상 현실(Virtual Reality, VR) 기술을 통한 교육 및 훈련으로 이 문제를 빠르게 해결할 수 있을 것으로 봅니다. 우선 생산 방식 변화에 적응할 수 있도록 일정 기간 동안 모든 작업자를 대상으로 적응 훈련을 실시하는 겁니다. 가상 현실로 실제 공장을 구현한 뒤, 작업자가 그 안에서 본인이 담당하는 작업을 수행하면 센서가 이를 인식해 가상 공간에서 실제 조립이 되는 것을 확인하도록 하는 방식이죠. 그렇게 조립되는 과정을 가상으로 경험하도록 하면 숙련도를 빠르게 높일 수 있을 것입니다."

"그것만으로 작업 복잡도를 낮추는 게 가능하다고 생각하는 건가요?"

오 연구원은 손 팀장이 하는 질문에 다시 답변을 이어갔다.

"제가 지금 말씀드린 것은 기존보다 복잡해질 생산 시스템에 적응할 수 있도록 하는 효과적인 훈련 방법에 대한 것입니다. 여기에 한 가지를 더하고자 합니다. 현재는 라인의 작업자에게 기준 정보를 바탕으로 한 작업 지시서를 작업 전에 인쇄하여 배부하고 있죠. 이 점도 개선할 필요가 있을 것 같습니다. 아까 말씀드린 FMU를 기억하시죠? FMU에 디스플레이를 부착하는 거예요. 조립 라인에 투입되기 전에 FMU에 차체가 안착되면, 차체에 부착된 태그를 FMU의 리더기가 인식하여 하나의 쌍을 이룹니다. 이후 FMU가 이동하면서 각 작업장 공장 바닥에 내장된 센서를 감지하여 정해진 작업 위치에 정지할 때마다 해당 제품의 작업 정보를 중앙 시스템에 요청하여 수신한 뒤, FMU의 디스플레이를 통해 작업자에게 3D

이미지에 작업 정보를 매핑하여 함께 보여줍니다. 이러한 변화들을 통해 우리 작업자들이 변화한 생산 방식에 더욱 빠르게 적응할 수 있을 것이며, 기존보다 진보된 작업 지시 방식을 통해 작업 효율도 개선될 것이라고 봅니다."

박 공장장은 차분히 회의를 정리하며 이야기했다.

"우리는 지금까지 세베리노 수요 증가에 눈이 멀어 공장 전체의 문제를 정확히 파악하지 못했던 것 같아요. 고객의 수요의 불균형으로 인한 공장 내 자원 가동의 비효율, 이로 인한 수익성 악화는 언제든지 발생할 수 있는 문제라고 생각합니다. 그리고 오늘 회의에서 이야기한 것들은 이 문제에 대한 충분한 해결책이 될 수 있을 것 같습니다. 물론 초기 비용을 감수해야 하겠지만, 우리 PS 모터스의 지속 가능성을 위해 변화를 시도해볼 가치가 있다고 보여요. 저는 회의 내용을 정리해 내일 본부장님을 찾아 뵙도록 하겠습니다."

스마트 기술의 연결이 미래형 공장을 만든다

회의가 끝나고 정신없이 두 달이 흘렀다. 오미현 연구원은 얼굴 가득 웃음을 머금고 박동빈 공장장의 사무실로 들어섰다. 뒤이어 생산관리팀 손형민 팀장, 재무팀 김송희 팀장, 영업팀 이효선 팀장이 차례로 들어왔다. 그들은 모두 약간 상기되어 있어 보였다.

"모두, 대체 무슨 일이에요?"

손 팀장은 멋쩍은 미소를 띠며 말을 시작하였다.

"지난번 회의 이후 조립 2, 3라인을 잡샵 형태로 재구성하였고, 유연 생산을 위해 FMU와 FDU를 도입하였습니다. 가장 큰 걱정이 었던 작업자들의 작업 부하 증가 문제도 VR을 이용한 사전 교육과 3D 영상 기반 작업 지시서 등을 통해 점차 개선되고 있습니다. 또한 잡샵 생산 방식의 도입으로 공장 전체 성과 지표들도 향상되고 있어요."

손 팀장은 약간 신이 난 듯 이야기를 이어갔다.

"그동안 컨베이어 생산 방식이 갖는 고정된 생산 능력 제약으로 인해 세베리노 출하 지연 현상이 누적되면서 발생하는 문제들이 많았습니다. 앞의 화면에 나와있는 〈표 6-1〉을 보시면 각 라인에서

표 6-1 조립 라인별 생산 능력 분석

조립 라인	연간 생산 능력 (단위: 대)	차종	연간 수요 (단위: 대)	잔여 생산 능력 (단위: 대)
조립 1라인	140,000	세베리노	150,000	−48,000
		아델리오	18,000	
		셀리나	20,000	
조립 2라인	90,000	에스테반	15,000	40,000
		디알로	23,000	
		플레타	12,000	
조립 3라인	120,000	아이리스	25,000	42,000
		제리코	15,000	
		로우웰	17,000	
		보니타	21,000	
합계	350,000		316,000	

생산되는 차종별 연간 수요와 잔여 생산 능력이 나와있는데요, 수요에 비해 생산 능력이 많이 부족했던 조립 1라인과 달리, 조립 2, 3라인은 상당한 잔여 생산 능력을 보유하고 있었다는 점을 확인하실 수 있습니다.

게다가 저희 팀에서 파악한 바로는 조립 1라인에서 지연된 생산의 대부분이 세베리노였는데요, 이는 수요는 적지만 기여 이익이 큰 편인 아델리오와 셀리나를 세베리노보다 먼저 생산하였기 때문입니다. 따라서 시간이 갈수록 세베리노 생산을 위한 재공 재고가 공장 내에 쌓이고, 백오더량도 끊임없이 증가했습니다. 조립 1라인에서 아무리 잔업을 한들 줄어들 기미가 보이지 않았던 것들이지요. 하지만 이번에 조립 2, 3라인을 잡샵 생산 방식으로 바꾸면서 조립 1라인의 초과 수요분을 생산할 수 있게 되었습니다.

그 결과, 우리 공장은 조립 2, 3라인을 별도로 운영할 때 보다 생산량이 37.5% 증가되었고, 공정시간은 약 27% 감소하는 성과를 얻었습니다. 게다가 기존에는 지연 생산을 위해서 쌓아두었던 세베리노의 원자재를 소비하여 자재 재고도 줄였으며, 지연 출고를 없애

표 6-2 YD 공장의 생산 공정 데이터

공정	1	2	3	4	5	6
설비 수 (A)	2	2	2	2	2	2
공정별 연간 생산 능력 (B)	240,000	105,000	180,000	276,000	216,000	252,000
수율 (C)	0.92	0.88	0.89	0.91	0.9	0.93

현금 흐름을 극대화하였습니다."

이효선 팀장이 덧붙였다.

"생산 방식의 변경은 영업 관점에서도 긍정적인 결과를 유발했습니다. 제품 출하 리드타임 단축으로 인한 지연 출고율 감소, 출하 리드타임의 변동 폭 안정화 등이 큰 영향을 미쳤습니다. 이를 바탕으로 고객을 응대할 때 정확한 출시일 정보를 제공할 수 있게 되었으며, 제품을 받아 본 고객들의 입소문 효과를 통해 차량 구매 계약이 늘고 고객 만족도도 높아지고 있습니다. 이는 향후 비슷한 상황이 발생하더라도 우리 PS 모터스가 경쟁력을 유지할 수 있는 가장 중요한 요인일 것입니다."

재무팀 김 팀장도 거들었다.

"재무 관점에서도 생산 라인의 변화가 가져오는 효과는 컸습니다. 생산 방식 변화를 위해 비록 적지 않은 초기 투자를 감행하긴 했지만, 공장의 자원 가동 효율이 증가하였고 공장 내 재공 재고가 줄었으며 생산량도 증가하였습니다. 방금 말씀드린 모든 것들이 우리 공장 생산품의 기여 이익 증가로 이어집니다. 작업자들이 바뀐 작업 방식에 익숙해지면 효과는 더욱 커지겠죠. 지금과 같은 추세라면 투자금을 회수하는데 그리 오래 걸리지 않을 것 같아요."

장밋빛 미래를 그리는 여러 팀장들의 보고를 받으면서 박 공장장은 잠시 지난 두 달 간의 변화 과정을 회상하고 있었다. 보기와 달리 쉽지 않은 변화 과정이었다.

가장 먼저 했던 일은 조립 2, 3라인을 잡샵 방식으로 바꾸기 위한 공장 레이아웃 설계였다. 이때 FMU와 FDU의 구조 및 기능 설계, 기존 시스템과의 인터페이스 개발을 병행했고, 설비의 위치를 재구성하는 과정을 거쳤다〈그림 6-2와 6-3〉. 이 과정에서 추가적으로 대두된 문제는 FMU의 이동 중 충돌 방지에 대한 부분이었다. 특정 FMU에 안착된 차체는 생산 과정이 끝날 때까지 다른 FMU와 결합하지 않기 때문에, 기존 연구에서 이루어진 AGV 충돌 방지를 위한 라우팅 기법 중 하나인 영역 분할(Zone separation) 방법[1]은 사용할 수 없었다. 오미현 책임연구원을 비롯한 연구원들은 FMU의 라우팅을 위해 경로 선점 규칙(Path preemption rule)을 도입하였다. 여기서 경로란 하나의 FMU가 제품 생산을 완료하기 위해 지나가야 하는 특정 위치들의 순서(sequence)를 뜻하며, 경로 선점 규칙은 다수의 FMU가 동일한 위치를 거쳐 설비로 진입하려 할 때 FMU에 안착된 제품의 납기 정보를 기준으로 우선순위가 높은 FMU만 해당 경로로 진입할 수 있도록 하는 규칙을 뜻한다. 이때 다른 FMU들은 대안 경로를 물색하거나, 해당 경로 앞에서 대기하도록 설계하였다. 이 방식을 도입한 결과 각 FMU의 경로는 다른 FMU의 영향에 따라 동적으로 변화하게 되므로, 연구진은 실시간으로 수집되는 FMU의 위치 정보를 기반으로 이들의 대기 시간을 최소화할 수 있는 경로 최적화 알고리즘을 개발하였다.

다음으로 FMU와 FDU로 구성된 생산 라인의 효과를 극대화하

[1) 영역 분할(Zone separation)은 작업 부하에 따라 생산 라인을 일정 개수의 영역으로 분할하고, 하나의 영역에 한 대의 AGV를 배치하여 AGV간의 충돌 가능성을 없애는 라우팅 방법.

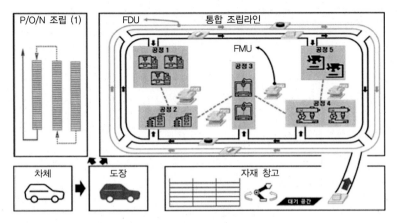

그림 6-2 YD 공장 생산시스템 레이아웃(TOBE)

기 위한 방법이 논의되었다. FDU의 도입은 기존에 각 공정의 작업
자들이 경험을 토대로 원자재를 요청하거나 불필요하게 많은 재고
를 근처에 쌓아두는 방식에서 벗어나, 작업해야 할 FMU의 리스트
에 맞춰 필요한 원자재를 적시에 제공해 줄 수 있는 환경을 조성하
였다. 연구진은 이를 활용하면 원자재 주문 최적화를 달성할 수 있
다고 판단하였다. 원자재가 FDU에 의해 작업자에게 운반되는 순간
과 FMU가 작업을 마치고 떠나는 순간, 해당 위치의 원자재 보유량
을 자동으로 업데이트하는 시스템을 도입한 것이다. 현재 원자재
보유량과 미래에 FMU에서 소비할 원자재 수량까지를 미리 합산한
뒤, 원자재별 납기소요시간을 고려하여 자동으로 발주하는 시스템
을 고안한 것이다. 이는 무인 기반 FDU를 활용한 원자재 조달에
있어 핵심적인 부분이었다. FDU가 적시에 각 공정에 원자재 조달
을 하지 못해서 해당 공정을 진행하지 못하게 되면, 자원의 시간 손

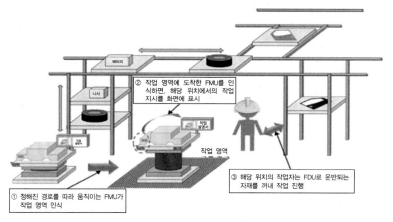

그림 6-3 FMU와 FDU가 적용된 생산 흐름

실이 발생해 자원 가동 효율이 떨어지기 때문이다. 연구원들은 당일 작업 순서 및 자재 창고의 원자재 재고 현황을 토대로 원자재별 최적 주문 시점 결정 모델을 개발하여 더욱 스마트한 공장을 구현해냈다.

앞서 언급한 문제들처럼, 앞으로도 예상하지 못한 문제들은 계속 등장할 것이고 어느 누구도 YD 공장이 예전에 비해 반드시 좋아질 것이라고는 확신할 수 없을 것이다. 하지만 공장의 모든 직원들은 이번에 겪은 경험을 바탕으로 변화하였고, 앞으로 발생할 문제들을 함께 해결하기 위해 노력할 것은 분명하여 보였다. 박 공장장은 자신에 찬 표정으로 사업본부장에게 보고하기 위해 전화기를 들었다.

CHAPTER 07

중소기업 공장의
스마트화란 어떤 것인가

한국생산기술연구원 김보현

중소기업의 제조현장은 기계·설비의 노후화, 열악한 작업환경과 원활하지 않은 작업자의 인력 수급 등 문제점을 지닌다. 대부분 중소기업 CEO는 제조현장의 스마트화는 매우 수준 높은 것으로 생각하고 어느 정도 규모가 있는 업체에서만 가능하다고 생각한다. 이러한 고정관념을 탈피하고자 중소기업의 제조현장이 가지고 있는 현실적인 문제점을 도출하여 공유하고 어떻게 개선하고 해결하는지를 알아본다.

번창기업은 스마트폰과 같은 디지털 전자 제품에 들어가는 알루미늄 부품을 생산하는 제조업체이다. 알루미늄 부품은 붕어빵 틀과 같은 금형에 액체의 알루미늄을 고압으로 불어 넣는 공정을 통해 특정한 형상으로 되는데, 이를 다이캐스팅(die-casting) 공정이라고 부른다.

우리는 빵 틀에서 각 꺼낸 붕어빵에서 위쪽 틀과 아래쪽 틀이 만나는 부위에서 빵이 삐져나오는 모습을 쉽게 발견할 수 있다. 이와 마찬가지로 다이캐스팅 공정도 액체 알루미늄을 고압으로 금형에 불어넣기 때문에 위쪽과 아래쪽 틀이 만나는 부위에서 알루미늄이 삐져나오는 현상이 나타난다. 따라서 다이캐스팅 공정이 끝나면, 작업자들은 부품에서 이렇게 삐져나온 부분을 수작업으로 일일이 제거한다. 아울러, 액체 알루미늄이 금형 표면까지 다 차지 못하고 식어버린 부품이나 무게가 미달인 부품 등은 검사과정에서 불량으로 걸러진다. 이러한 과정은 일일이 육안검사와 수작업으로 진행하기

그림 7-1 생산현장의 다이캐스팅 기계

때문에 많은 작업자들이 필요하다.

생산현장은 어떤 어려움이 있는가

최근 들어 부품업체들의 경쟁이 날로 치열해 짐에 따라 번창기업의 수주량이 점점 줄어들고 있어서, 고민해 사장은 요즘 한숨을 쉬는 날이 부쩍 늘었다. 번창기업은 20대의 다이캐스팅 기계를 보유하고 있는데, 수주량 감소로 현재는 10대의 기계 밖에 가동하지 못하고 나머지 10대의 기계가 벌써 두 달 동안 쉬고 있다. 고민해 사장은 이러한 추세가 지속된다면 부득이 작업자들을 줄여야 하지 않을까 하는 심각한 고민에 빠져있다.

고민해 사장이 신규 수주 확보를 위해서 동분서주 노력하고 있으나, 결과는 신통치 않다. 최근 들어, 고민해 사장은 그동안 주력으로 생산했던 디지털 전자 부품 분야를 벗어나서, 자동차 부품 시장에 진출하기 위해서 관련 시장동향을 분석하고 기술적으로 필요한 사항을 파악하기 시작하였다. 자동차는 사람의 안전과 직결되기 때문에 부품의 품질보장과 생산 과정에서 보다 정밀한 공정관리를 요구하고 있는데, 번창기업이 이러한 요구사항을 맞추기란 매우 어려운게 현실이다. 또한, 번창기업이 기존의 완성차를 중심으로 형성된 부품 공급사슬에 진입하기가 여간 만만치 않다.

현재 번창기업은 한 달 전에 납품한 20일 분량의 부품에 대해서 고객사로부터 클레임을 받은 상태이다. 그래서 번창기업은 생산한 부품에 문제나 하자가 없다고 이야기 하면서 대응하고 있지만, 문제가 없다는 것을 입증할 수 있는 객관적인 데이터가 없다는 것이 치명적인 약점이다. 즉, 부품 생산과정에서 다이캐스팅 기계의 공정 조건 데이터와 품질검사 데이터를 수집해서 아무런 문제가 없다는 것을 보여줄 수 있는 정보 시스템이 없다는 것이다. 대부분의 경우, 번창기업은 고객사에서 통보한 클레임에 대해서 울며 겨자 먹기 식으로 받아들일 수밖에 없다. 이러한 클레임은 연중 무작위로 나타나고 있으며, 이로 인해 번창기업은 매년 매출액 대비 2% 정도 손실이 발생하고 있다. 고민해 사장은 이러한 문제를 근본적으로 해결할 수 있는 방법이 없을까 백방으로 찾아보고 있지만, 아직까지 뾰족한 묘안은 찾지 못했다.

우직한 공장장은 번창기업의 창립 멤버로서 지금까지도 기계 도입, 공정 배치, 작업자 채용 등 생산현장을 직접 관리하고 있다. 우직한 공장장은 이러한 현장의 오랜 경험 때문에 생산현장을 한 바퀴 쭉 돌아보면, 기계 작동상태, 작업자들 상태, 생산 진척상황 등에 있어서 무엇이 이상한지를 경험으로 알 수 있다고 한다. 그는 월간, 주간 생산량 계획 등을 기억하고, 공정관리 팀에서 보고되는 일간 생산실적을 토대로 머리속에서 생산현장을 파악하고 잘못된 부분을 집어내어 해결하곤 했었다. 그러던 그가 나이가 들어감에 따라 최근에 기억력의 한계를 느끼게 되었고, 생산현장을 둘러볼 때도 무엇인가 잘못되고 있다는 직감은 있으나 자세한 상황을 파악하는 데는 많은 어려움을 겪게 되었다.

다른 중소기업과 마찬가지로 번창기업 생산현장의 작업자들도 노령화되고 있고, 젊은 작업자들을 구하고 싶은데 들어올 사람을 구할 수가 없다. 현재 번창기업 현장에 근무하는 작업자의 70%는 외국인 노동자들이다. 우직한 공장장이 매일 가장 신경쓰는 업무는 외국인 노동자들의 출근여부를 확인하는 것이다. 외국인 노동자가 별 이야기 없이 결근하거나 다른 곳으로 이직하는 경우가 종종 나타나는데, 이러한 경우에는 재빨리 대체인력을 확보하는 것이 매우 중요하기 때문이다. 특히 기계 조작이나 품질검사를 담당하는 인력에서 생기는 문제는 생산량에 직접적인 영향을 미친다. 아울러, 이들의 부재로 인한 생산량의 부족분은 다른 작업자들이 추가 작업하여 보충해야만 한다.

김확인 반장은 아침에 출근해서 생산관리과로부터 본인의 작업반에서 생산할 당일 생산량을 전달 받고, 작업자의 숙련도와 기계 상태 등을 고려하여 작업자별로 일일 생산량을 할당한다. 그는 본인이 맡은 기계를 조작하면서 수시로 작업자별 진척상황을 점검하고 기계의 이상여부도 확인한다. 작업자들은 퇴근하면서 당일 생산량과 불량수량 등을 기록한 전표를 작성하여 작업반장에게 제출한다. 김확인 반장은 전표를 취합하여 작업반의 생산실적을 확인하고, 취합된 전표를 생산관리과에 전달하고 하루 일과를 마무리한다.

현장 작업자인 이성실씨는 아침에 출근해서 본인에게 할당된 생산량을 확인하고 본인이 담당하고 있는 기계의 상태를 점검한다. 이러한 확인과정이 끝나면, 그는 기계 전면부에 부착되어 있는 공정조건표를 참고해서, 기계 제어판에 공정조건을 설정한다. 그리고 부품이 안정된 생산 상태에 진입하도록 처음 10개 부품을 생산하여 외관 형상과 불량여부를 체크한다. 처음 10개 부품에 이상이 없으면 공정이 안정 상태에 도달하였다고 판단하고, 본격적으로 부품을 생산하기 시작한다.

다이캐스팅 공정은 우리가 확인할 수 없는 금형 내부의 여러 현상 때문에 작업자가 설정한 압력 값으로 정확하게 제어되지 않는다. 이는 마치 우리가 어릴 때 주사기의 끝을 손가락으로 막고 피스톤을 밀었을 때 발생하는 주사기 안의 압력이 매번 일정하지 않는 것과 같은 현상이다. 즉, 다이캐스팅 기계는 작업자가 입력한 압력 값과 어느 정도 비슷하게 제어하려고 노력하지만, 정확하게 일치하도록 제어할 수는 없다.

따라서 다이캐스팅 공정에서는 매번 부품을 생산할 때마다 실제로 작용된 압력, 시간 등을 아는 것이 매우 중요하다. 대부분의 기계들은 공정조건을 제어판에 표시하고 외부로 전달할 수 있도록 별도의 인테페이스 모듈을 구비하고 있으며, 구매자가 선택할 수 있는 옵션항목으로 두고 있다. 그런데 번창기업은 이러한 인터페이스 모듈의 필요성을 인식하지 못하였고 구입비용 절감을 위해서 인터페이스 모듈이 없는 상태로 모든 기계를 구입하였다. 이성실씨는 매번 공정마다 제어판에 나타나는 공정조건 값을 육안으로만 확인하고 생산된 부품에 크게 이상이 없으면 플라스틱 박스에 담는다. 박스 내부에 일정한 수량의 부품이 담기면, 그는 이 박스를 기계 앞에 순차적으로 적재한다. 생산한 부품의 외관상 문제가 있으면 그는 해당부품을 별도의 박스에 담는다. 하루 일과에서 그가 마지막으로 수행하는 일은 총 생산수량과 불량수량을 전표에 수기로 기록하고, 퇴근하면서 김확인 반장에게 전달하는 것이다.

이바쁜 과장은 월말이 되면 많은 일들이 한꺼번에 몰려서 무척 바빠지기 때문에 월말이 반갑지 않다. 그는 매월마다 그동안 생산한 부품의 수량, 재고 수량을 일일이 확인하고 액셀을 이용하여 통계처리를 수행하고 공장장에게 보고한다. 그리고 자재 실사를 통하여 문서상의 자재 수량과 현장에 있는 실제 자재 수량을 확인하여 수량차이를 보상한다. 이러한 작업은 일일이 직접 확인하고 수작업으로 전산처리해야 하기 때문에 생각하는 것보다 더 많은 시간을 필요로 한다.

우리 문제를 해결해 줄 귀인은

고민해 사장은 앞서 언급된 이러한 생산현장의 문제를 해결할 수 있는 방법을 모색하고 싶은데, 딱히 물어볼 곳이 없다. 그러던 차에 우연히 지인의 소개로 코엑스에서 개최하는 스마트공장 전시회를 알게 되었다. 그는 큰 기대를 갖지 않고 전시회를 둘러보던 중에 번창기업이 갖고 있는 문제들을 해결한 사례를 전시한 IT기업의 완벽해 이사를 만났다. 완벽해 이사는 산업공학을 전공하고 20년 이상을 제조 IT 관련분야에서 근무한 베테랑으로 고민해 사장의 고민을 충분히 이해하고 있었다. 특히 무엇보다도 이러한 제조현장의 혁신은 장기간의 로드맵을 가지고 한걸음씩 나아가야 한다는 완벽해 이사의 말에 고민해 사장은 많은 공감을 가졌다. 즉, 급격한 생산현장의 변화는 작업자들이 거부감을 갖기 때문에 성공하기가 매우 힘들다는 것을 의미한다.

완벽해 이사와의 면담에서 고민해 사장은 그동안 고민하고 있던 여러 가지 문제를 한꺼번에 쏟아냈다. 이러한 많은 문제들을 해결하기 위해서는 많은 시간과 비용을 필요로 하기 때문에, 완벽해 이사는 시간과 비용을 고려할 때 제일 시급한 현안을 2~3개 선정하자고 고민해 사장한테 제안하였다. 두 사람이 서로 협의하여 결정한 번창기업의 당면 해결과제는 품질 클레임의 해결방안 마련과 실시간으로 생산현장을 모니터링할 수 있는 체계를 구축하는 것이다. 이러한 당면 과제를 해결하기 위해서 완벽해 이사는 1년의 프로젝트를 제안하였는데, 전반기 6개월은 번창기업의 현황파악 및 분석, 정보 시스템 설계 및 개발을 진행하고, 후반기 6개월은 개발 시스템의 적용 및 안정화 기간으로 계획하였다.

생산현장의 개선은 어떻게 하면 될까

이러한 문제 해결을 위해서 완벽해 이사는 본인을 포함하여, 김연결 부장, 조생산 과장, 강품질 과장, 박설비 대리 등 4명의 팀원을 데리고 번창기업을 방문했다. 번창기업의 생산현장은 알루미늄 소재 업체로부터 들여온 알루미늄 블록이 공장 출입구에 가득 쌓여 있었고, 다이캐스팅 기계들이 중간 통로를 기준으로 10대씩 병렬로 배치되어 있었다. 각 다이캐스팅 기계에서 생산된 부품들은 플라스틱 박스에 담겨져서 공장 안쪽에 위치하고 있는 품질검사 라인으로 이동된다. 품질검사 라인은 컨베이어 벨트로 구성되어 있는데, 부품이 벨트 위에서 이동하는 동안 검사 작업자들이 육안으로 검사할 수 있도록 구성되어 있다. 생산된 부품의 내부 조직을 확인할 수 있도록 엑스선 검사실이 별도로 위치하고 있는데, 이러한 검사는 시간이 많이 걸리기 때문에 생산된 부품 몇 개를 샘플링하여 검사하고 있다.

생산현장의 네트워크 구축 전문가인 김연결 부장이 첫 번째로 하는 일은 네트워크 대상이 되는 객체를 선정하는 작업이다. 번창기업의 경우, 네트워크 객체로 가능한 것은 작업자, 다이캐스팅 기계, 알루미늄 블록 소재, 생산 중인 반제품이다. 대상 객체에 따라 네트워크 구축에 필요한 기술이나 비용 등이 매우 다르기 때문에 최종 목적에 적합하게 신중히 결정해야 한다. 김연결 부장은 번창기업의 우직한 공장장 및 관련자들과 협의한 결과, 다이캐스팅 기계를 네트워크 객체로 정하였다. 아울러, 네트워크 객체에는 포함되지 않지만 품질 및 생산이력 관리에서 중요한 역할을 담당하는 반제품들을 추적해 달라는 요구사항도 도출하였다.

김연결 부장은 네트워크 객체인 다이캐스팅 기계들을 관찰하다가 놀라운 사실을 발견하였다. 그것은 번창기업이 보유하고 있는 20대의 다이캐스팅 기계가 최소 10년에서 30년 정도에 이르는 노후된 상태이며, 통신을 위한 인터페이스 모듈이 어느 기계에도 장착되지 않았다는 것이다. 우직한 공장장 말에 의하면, 번창기업은 기계를 구매할 때 비용절감을 위해서 인터페이스 모듈을 별도로 구매하지 않았다고 한다. 김연결 부장이 기계 판매업체에게 일일이 전화하여 인터페이스 모듈의 판매가격을 문의해보니, 대당 최소 5백만 원을 요구하였다. 이는 전체 20대의 기계를 인터페이스하는 데만 1억 원이 소요된다는 것이며, 번창기업이 이러한 비용을 감당하기는 불가능한 상황이다.

김연결 부장은 많은 고민을 하다가 비용절감을 위한 현실적인 대안으로 인터페이스 모듈을 대처할 수 있는 스마트 디바이스를 활용하자고 우직한 공장장에게 제안하였다. 스마트 디바이스는 노후화된 기계의 PLC나 통신접점으로부터 데이터를 추출하고 필요시 데이터를 전송할 수 있는 소형 장치로써 수집된 데이터를 유무선으로 송수신할 수 있다. 쉽게 설명하면, 아날로그 텔레비전을 디지털 방송 송수신이 가능하도록 연결하는 셋톱박스와 같은 역할을 스마트 디바이스가 담당한다. 현재 스마트 디바이스의 시중 가격은 대략 30~40만 원 정도로 번창기업이 충분히 감당할 수 있는 수준이다.

그런데 문제는 가격이 저렴한 스마트 디바이스를 도입하더라도, 실제로 기계와 연결을 위해서는 기계 내부의 PLC 계통 및 통신접점에 대한 정보를 알아야 한다는 것이다. 기계 제조업체들은 이러한 인터페이스 정보를 기계정보의 공개와 같은 개념으로 이해하고 있고, 기술보안 상의 이유로 외부로의 공개를 거부한다. 실제로 김연결 부장이 A 기계업체에 문의하려고 전화했다가 일언지하에 거절당하였다. 이러한 정보 없이 스마트 디바이스와 기계의 연결 작업은 PLC 및 통신접점 전부를 일일이 어떤 정보가 들어오는지 확인해야 하기 때문에 많은 시간이 소요된다.

시간 절약을 위해서는 기계 제조업체의 협조가 반드시 필요한데, 김연결 부장은 이 문제를 해결하기 위한 특별한 아이디어가 떠오르지 않았다. 관련된 사람들과의 브레인스토밍 과정을 거치는 동안 하나의 대안이 도출되었는데, 우직한 공장장이 기계업체에 직접 협조를 요청하는 것이었다. 이러한 제안은 번창기업이 기계 제조업체의 고객이기 때문에 우직한 공장장의 제안을 거부하지 못한다는 점과 번창기업이 현재 진행 중인 생산현장 스마트화 프로젝트가 성공적으로 완료되면 추가적인 기계 구매가 진행된다는 점을 부각하자는 것이다. 실제로 우직한 공장장의 협조 요청에 대해서 기계 제조업체에서는 어쩔 수 없이 관련정보를 제공함으로써 스마트 디바이스와 기계와의 연결문제는 생각보다 쉽게 해결되었다.

스마트 디바이스가 장착되면 각 기계들은 네트워크에 연결될 준비가 완료된 상태가 된다. 김연결 부장은 기계와 연결된 스마트 디바이스들을 묶어서 생산현장 네트워크 체계를 구축하고자 하였다. 여기서 고려할 사항은 스마트 디바이스들을 유선으로 연결할지 무선으로 연결할지를 결정하는 것이다. 철골 구조물과 철재 자재가 많거나 제품형상이 상대적으로 커서 통신 간섭이 심한 경우에는 무선보다는 유선을 선택하는 것이 타당하다. 번창기업의 경우는 생산현장 상층부에 철재 구조물이 거의 없고 생산 부품도 소형이어서 무선으로 통신망을 구축하였다. 하드웨어적으로 구축된 생산현장 네트워크를 제어하기 위해서 김연결 부장은 데이터 미들웨어 소프트웨어를 개발하였다. 이 소프트웨어는 번창기업의 생산현장 네트워크 상태를 실시간으로 모니터링 및 통제하고, 기계별 스마트 디바이스들의 상태를 확인하는 역할을 담당한다.

번창기업에 구축된 스마트 디바이스는 1초 간격으로 다이캐스팅 기계로부터 데이터를 송수신할 수 있다. 하지만 대부분 생산현장 작업자들은 기계로 데이터를 보내서 기계를 직접 제어하는 것에 대해서 매우 부정적이다. 이는 확실하게 검증되지 않은 상태에서 기계를 제어했을 때 발생하는 문제에 대한 책임이 작업자에게 부여되기 때문이다. 이러한 우려 때문에 김연결 부장도 일단 다이캐스팅 기계로부터 데이터를 수신하는 것만으로 스마트 디바이스의 기능을 한정하였다. 따라서 스마트 디바이스는 매번 다이캐스팅 공정이 수행될 때마다 설정한 1초 간격으로 기계로부터 사출온도, 사출압력, 사출시간 등의 공정조건을 실시간으로 수집한다. 박설비 대리는 다이캐스팅 기계의 주요 고장원인이 모터에서 발생한다는 사실을 파악하고, 모터 주변에 진동 및 온도센서를 추가적으로 부착하고 스마트 디바이스를 통하여 데이터를 수집하기로 하였다. 이 작업은 기계 인터페이스와 달리 비교적 간단하게 진행되었다.

조생산 과장은 현재 번창기업 내부의 물류흐름이 어떻게 되는지를 파악하기 위해서 생산현장을 자세하게 들여다보았다. 기계 작업자들은 다이캐스팅 공정에서 생산된 부품을 일정한 수량만큼 플라스틱 박스에 담고 전표에 수량을 수기로 기록하고 품질검사 라인으로 이동시킨다. 번창기업에서는 이러한 박스가 하나의 로트(Lot)를 구성하고 있으며, 박스에 담겨져서 같이 이동하는 전표가 로트의 이력을 나타내는 문서에 해당된다. 품질검사 라인에서 전달된 박스에 담겨진 부품들은 컨베이어 벨트 위에 내려져서 이동되는데, 이때 작업자들이 세밀하게 육안으로 불량여부를 가려낸다. 여기서 불량품은 바로 다른 박스에 적재되고 남은 양품들을 새로운 박스에 담아서 새롭게 로트를 구성하고 있다.

조생산 과장은 품질검사 라인에서 로트가 새롭게 구성되면서 기존 로트가 사라져 버리고, 전표의 내용과 달라지는 문제가 발생하는 것을 파악하였다. 이러한 문제는 추후에 로트별 생산품을 추적하는데 심각한 어려움을 야기시키는 원인이 된다. 그는 이러한 로트 추적문제를 해결하기 위해서 기계 작업자들이 할당받은 생산수량을 일정한 수량만큼씩 분해하여 로트를 생성하는 기능과 바코드가 인쇄된 전표를 출력하는 기능을 이바쁜 과장에게 제안하였는데, 흔쾌히 받아들여졌다.

기계 작업자는 이전과 동일하게 생산 부품을 설정된 로트 수량만큼만 담고, 바코드가 인쇄된 전표를 박스에 같이 첨부하여 품질검사 라인으로 전달한다. 품질검사 작업자는 먼저 박스에 담긴 전표를 바코드 리더로 스캔하는데, 그러면 해당 로트정보가 작업자 터치 패널에 나타나게 된다. 이전과 마찬가지로 품질검사 작업자는 육안으로 불량여부를 확인하고, 불량품에 대해서는 불량수량과 불량원인을 터치 패널에 입력한다. 물론, 마지막으로 고객사에 납품할 때는 일정한 수량만큼 재포장을 하는데, 포장된 납품박스는 어떤 로트들로 구성되는지를 기록에 남기도록 하였다.

이러한 과정이 정착되면, 이바쁜 과장과 같은 생산관리자는 언제든지 해당 로트에서 불량이 몇 개가 나왔고 원인이 무엇인지를 확인할 수 있게 된다. 또한 로트별로 해당 기계에서 생산한 시점을 알 수 있으며, 그때 생산했던 공정조건 데이터도 추출할 수 있게 된다. 로트별로 공정조건이 얼마나 안정적으로 유지되면서 생산되었는지를 출력할 수 있으며, 이는 품질 클레임 문제가 이슈화될 때 대응할 수 있는 중요한 무기로 활용할 수 있다.

조생산 과장은 수집된 공정조건 데이터로부터 해당 기계가 현재 몇 개의 부품을 생산하고 있는지를 알 수 있다고 이바쁜 과장에게 설명하였다. 4개의 캐비티를 갖는 금형이 기계에 장착되었다면, 우리는 다이캐스팅 공정마다 4개의 부품이 생산된다는 것을 쉽게 알 수 있다. 이로부터 우리는 기계별로 현재의 생산수량을 알 수 있고, 곧바로 계획대비 생산 실적을 알 수 있게 된다. 또한, 일정한 시간 동안 기계로부터 데이터가 수집되지 않으면, 그 시점에 기계가 가동되지 않는다는 것도 알 수 있다. 이러한 정보는 생산현장의 기계 가동 여부와 생산량을 실시간으로 확인할 수 있게 하고, 일간 및 월간 생산실적을 자동으로 통계 처리할 수 있도록 도와준다.

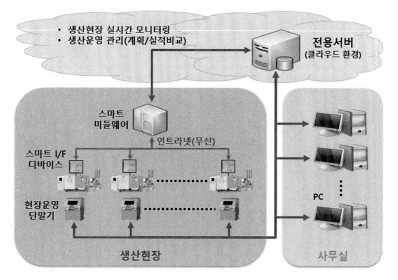

그림 7-2 중소업체의 생산정보시스템 구조 예

우직한 공장장은 기계별, 계절별로 생산불량이 어떻게 나타나는지와 이들 간의 상관관계는 존재하는지 등이 항상 궁금했다. 강품질 과장은 다이캐스팅 기계로부터 수집되는 공정조건 데이터를 분석하면 우직한 공장장이 궁금해 하던 사항을 알 수 있다고 제안하였고 흔쾌히 받아들여졌다. 강품질 과장은 수집된 공정조건 데이터를 바탕으로 기계별 공정조건의 시계열 변화 추이를 그래프로 시각화하는 기능, 기계들 사이의 변화 추이 비교 기능 및 기계별 공정조건들의 상관관계 파악기능 등을 개발하였다.

개선된 공장은 어떻게 변했을까

완벽해 이사와 팀원들은 6개월 동안 번창기업 임직원들이 요구하는 사항들을 최대한 반영하여 생산정보시스템 환경을 구축하였다. 그리고, 이러한 시스템을 적용하고 있는 지금 생산현장이 예전에 비해 많이 바뀐 것을 실감하고 있다.

이성실씨는 다이캐스팅 공정 중에 생산된 부품의 불량이 발생하면 터치 단말기를 통해서 불량원인을 입력한다. 품질검사 라인에서도 검사 도중에 발견된 불량과 원인들을 로트단위로 곧바로 입력한다. 이러한 정보는 곧바로 클라우드 환경으로 입력되어 생산관리 담당자들의 스마트폰에 전달된다. 이러한 바뀐 환경은 생산현장에서 문제가 생겼을 때 관리자가 실시간으로 확인해서 빠른 대처를 가능하도록 만들었다.

월말이 되면 무지 바쁘다던 이바쁜 과장은 요즘 월말에 정시에 퇴근한다고 이야기한다. 예전에 월말마다 수행하던 여러 가지 문서처리 작업시간이 수집된 데이터로부터 자동으로 통계처리되어 출력되니 따로 시간을 들일 이유가 없다고 한다. 요즘은 고민해 사장과 우직한 공장장도 외부 출장에서 스마트폰을 통하여 실시간으로 생산실적 및 기계 가동여부를 확인할 수 있어서 더욱 더 믿고 다른 업무를 볼 수 있다고 강조한다. 현재 데이터가 계속해서 축적되고 있는데, 향후 이러한 공정조건 데이터가 1년 이상 쌓이게 되면, 기계별로 계절별 공정조건 추이나 생산부품별 공정조건 특성 등 다양한 분석을 수행할 수 있을 것으로 기대된다.

최근에 완벽해 이사는 번창기업으로부터 하나의 좋은 소식을 들었다. 자동차 완성차 업체로부터 부품기업 인증심사를 받았는데, 현재 운영 중인 생산정보시스템을 통하여 체계적인 데이터 관리와 실시간 공정 모니터링 기능 등이 좋은 점수를 받아서 부품사로 등록되었다고 한다. 또한, 이로 인해 번창기업은 1년 이상의 신규 부품 물량을 수주하였는데, 추가적으로 기계를 더 도입해야할지 모르겠다는 행복한 고민에 휩싸였다고 한다.

CHAPTER 08

미래 기업: 갈수록 "사람"이 중요해진다

한양대학교 신동민 교수

우리는 하루하루 급속하게 발전하고 있는 기술의 홍수 속에 살고 있다. 우리의 일상적 삶뿐만 아니라 기업을 포함하는 대부분의 조직 역시 이러한 물결에 직면해 있다. 따라서 산업공학은 이러한 기술의 발전을 어떻게 통찰할 수 있으며, 그 결과 사회에 어떤 기여를 할 수 있는지에 대한 물음과 답변은 매우 중요하다. 본 장에서는 국가경제에 지대한 영향을 미치는 제조 기업에서 이러한 시대적 흐름에 산업공학이 어떻게 기여할 수 있는지에 대한 사례를 통해 사람 중심의 미래 기업을 이끌 수 있는 산업공학의 기회를 제시한다.

늘 고객은 "왕"이다?

한 때 어느 정치인이 "저녁이 있는 삶"이라는 슬로건을 내세운 적이 있다. 자신의 업무에 얽매여 늘 야근에 시달리거나 밤 늦게까지 일 해야 하는 많은 사람들의 공감을 얻을만한 주장이었다. 이 주장은 지금까지 너무나 많은 사람들이 업무와 생업에 쫓겨 가족들과 여유로운 저녁식사를 즐기는 것이 대단히 어려운 현실을 꼬집은 것이 아닐까 한다.

우리나라의 경제규모는 점점 증가하고 있다는데, 개개인의 삶의 질 역시 과연 이와 같은 추세인지는 생각해봐야 할 문제이다. 공학 (engineering)의 중요한 목적 중 하나가 인류의 풍요로운 삶에 기여 하는 것이라면, 위의 문제 역시 정치적, 사회적 관점처럼 공학의 관점에서도 중요하게 고려되어야 할 문제이다. 특히, 시대적 도전과 필요에 민감한 산업공학의 입장에서는 더더욱 그렇다.

"고객은 왕이다."라는 전제는 제조와 서비스를 망라하는 대부분의 기업에서 당연하게 받아들여 왔다. 고객의 요구와 기호에 맞는 제품을 만들어 제공하는 일련의 모든 기업활동에서 고객은 "왕"으로 전제되었다. 비록 저녁이 있는 삶까지는 몰라도 고객의 입장에서 그들의 삶의 질은 향상되고 있었는지도 모르겠다. 그들이 원하는 제품과 서비스를 선택할 수 있는 범위와 가치 측면에서는 ….

그러나 고객들의 이런 혜택을 위해서 제조자의 저녁이 있는 삶은 더더욱 멀어져 갔다. 갑작스런 주문, 특이한 제품 사양, 긴급한 시간을 맞추기 위해서 제조자는 늘 준비되어 있어야 했고, 기꺼이 이러한 요구를 수용해야 했다. 고객과 제조자가 독립적으로 분리되어 누구는 누군가를 왕으로 모시는 현실인 것이다.

대부분의 사람들은 고객이자 이와 동시에 제조자이기도 하다. 자동차 부품을 생산하는 기업에 근무하는 신고민 씨는 최근 출시된 스마트폰을 구매하려고 한다. 신고민 씨는 자신의 회사에서 생산하는 부품을 공급하는 고객사를 왕으로 모시고 있지만, 지금 스마트폰을 구매할 때에는 자신이 왕이기도 하다. 지난 주 자기 회사에서 주로 생산하는 부품이 아닌 특이한 부품을 고객사로부터 요구 받아 일주일 내내 고생했던 신고민 씨지만, 이번 최신 스마트폰은 512GB가 아닌 1TB의 메모리를 갖는 구형 모델의 모양이었으면 한다. 비용을 조금 더 비싸게 지불하더라도 예전에 유행했던 이런 사양의 스마트폰을 갖고 싶기 때문이다. 이때에는 신고민 씨가 고객인 셈이고, 스마트폰 제조자는 "왕"인 신고민 씨의 요구를 들어줘야 하는 입장인 셈이다.

이처럼 대부분의 사람들은 경우에 따라서는 자신이 원하는 제품이나 서비스를 구매하는 왕이기도 하고, 다른 고객들의 요구를 만족시켜야 하는 제조자이기도 하다. 각자의 입장에서 자신의 것을 양보하는 것이 아니라, 어떻게 하면 서로의 만족을 충족시켜줄 수 있을까 하는 문제를 해결하는데 바로 "산업공학"이 자리잡고 있다. 그렇다면 산업공학은 어떻게 이런 문제를 해결할 수 있을까?

기술은 모든 것을 가능하게 한다?

최근 기술의 비약적인 발전은 우리 일상의 많은 부분에 영향을 미치고 있다. 인공지능 로봇청소기가 척척 알아서 집안 청소를 해주고 있고, 일일이 키보드를 치지 않고 말만 하면 스마트폰의 원하는 기능을 사용할 수 있게 되었다. 물론 일부 제한적인 부분도 있으나, 이러한 기술들로 인해 우리의 일상적인 삶이 편리해지고 있는 것은 부인할 수 없는 사실이다. 첨단의 기술들이 적용된 멋진 제품들이 속속 등장하면서 많은 사람들의 구매와 소비패턴이 변하고 있는 것이다.

이렇게 우리가 일상생활에서 이용하는 대부분의 제품은 제조라는 단계를 거쳐 우리 손에 이르게 되는데, 이런 역할을 담당하는 기업을 제조 기업이라고 한다. 기술의 발전은 사람들의 일상생활뿐만 아니라, 제조 기업에서 제품을 만들어 내는 활동에도 커다란 영향을 미치고 있다. 물건을 만드는 과정에서 최신의 첨단 기술을 활용하여 보다 효율적으로 가치를 창출하는데 치열한 경쟁을 벌이고 있다. 이런 경쟁은 어제 오늘의 일이 아니라 기업이 존재하는 동안 계속되어져 왔다.

이렇게 보면 기술은 우리의 생활과 기업의 활동에 매우 중요한 역할을 차지하고 있음을 알 수 있다. 사람들은 최신 스마트폰을 통해서 아주 편리하게 원하는 정보를 원하는 사람들 사이에서 공유할 수도 있다. 또, 로봇을 이용해서 무겁거나 위험한 물건들을 자동으로 나르게 되면 사람들이 보다 안전하고 편하게 일할 수 있게 될 것이다.

그런데 스마트폰이 대부분 사람들의 일상생활에 유용하지만, 청소년들의 스마트폰 중독이라는 의도하지 않은 부정적인 측면도 있음을 생각하면 꼭 기술이 우리의 삶을 무조건 풍요롭게 하는 것만은 아닐 수도 있다. 이는 기술의 긍정적인 활용 이면에 주의해야 할 점도 있을 수 있다는 점을 시사한다.

실제 제조 기업에서 있었던 한 일화를 소개한다. 1980년대 미국 자동차 산업은 좋은 품질과 저렴한 가격으로 무장한 일본 자동차 기업의 거센 도전에 직면해 있었다. 전미에 일본의 토요타자동차 열풍이 불었던 시기이다. 당시에 세계 최대의 자동차 기업이었던 GM (General Motors)사의 최고경영자 로저 스미스(Roger Smith)는 이러한 어려움을 극복하기 위해 첨단 자동화 전략을 추진하였다. 첨단 자동화 기술을 도입하여 노동자의 임금 비용을 줄이고 불량 제품이 발생하지 않게 하여 제조 공정의 생산성 향상을 꾀했던 것이다.

이렇게 GM에서 추진했던 야심찬 프로젝트의 핵심에는 단지 몇몇의 소수 작업자가 로봇과 자동화 기계를 이용해서 운영하는 무인 공장 개념의 "light-out factory"의 비전이 자리잡고 있었다. 공장 안에 사람이 없기 때문에 공장을 밝힐 조명이나 창문도 필요 없고, 냉방기나 온풍기를 설치할 필요가 없으니 에너지 측면에서 많은 절약이 가능할 것이다. 이를 위해 GM사는 일본 Fujitsu-Fanuc사와 공동으로 GMF사를 설립하여 세계 최대 자동차 기업인 동시에 세계 최대의 로봇 생산 기업으로 등극하였다. 이후 약 10년 동안 그들은 무려 900억 달러, 한화로 약 90조 원을 투자하였다. 90조 원이라는 돈이 현재의 가치가 아니라 거의 30여 년 전의 가치이니 그 규모가 어마어마하다고 할 수 있다.

이러한 막대한 투자에도 불구하고 무인공장을 통해서 생산성 향상을 꾀하려던 GM사는 결국 1990년 로저 스미스가 퇴임할 당시 최악의 생산성을 기록하는 자동차 기업으로 전락하고 말았다. 그들이 투자했던 90조 원은 당시 토요타, 닛산, 혼다의 일본 자동차 기업 3개사를 인수하고도 남을 만한 금액이었다.

이 GM에서의 사례는 많은 시사점들이 있지만 그 중에 중요한 것이 바로 사람을 배제한 자동화는 결코 성공하기 어렵다는 것이다. 사람과 기계가, 사람과 자동화가 어떻게 조화되어야 하는지에 대한 중요한 교훈을 남긴 것이다.

세상의 중심에는 사람이 있다

최근 들어 인공지능 기술이 다양한 분야에 도입되어 각 분야의 새로운 가능성과 미래 모습에 대한 기대가 한껏 고조되고 있다. 사람의 능력을 훨씬 뛰어 넘는 컴퓨터의 연산 속도와 정확성, 그리고 인공지능을 이용한 각종 분석과 예측의 결과로 인해서 예전에는 상상하기 힘들었던 많은 문제들이 해결되고, 새로운 분야의 등장을 가속화시키고 있다. 사람이 해야만 했던 많은 일들을 인공지능이 대체해 주고 있는 것이다. 더 나아가 사람이 "없는" 세상까지도 가능할 것처럼 회자되고 있다.

우리는 지금까지 살면서 적어도 한 번쯤은 자동응답서비스(ARS)를 이용했을 것이다. 은행 업무, 구매 주문, 택배 조회 등등, 너무나 많은 영역에서 자동응답서비스는 우리의 삶에서 많은 부분을 차지한다. 컴퓨터를 이용한 대표적인 기술의 활용이다. 그런데 자동응답서비스를 이용했던 경험을 생각해 보면 누구나 한 번쯤은 "0번"을 눌러보았을 것이다. 왜? "상담사와 연결"하기 위해서 ….

필요한 업무의 대부분이 자동으로 처리되도록 만들어져 있는데, 왜 거의 모든 사람은 "0번"을 눌러야 했을까? 기술이 아니라 사람이 필요했기 때문이다. 자동응답서비스를 만든 사람들을 탓하는 것이 아니라, 그 자동응답서비스를 이용하는 사람들이 워낙 다양하고 처리하고자 하는 업무의 처리 방식이 다 다르기 때문이다.

이렇듯 어느 조직, 어느 기업을 들여다보아도 사람이 없는 환경은 거의 없다. 사람의 수가 줄어들었을지언정 사람이 아무도 없이 모든 일이 척척 돌아가는 그런 이상적인 환경은 찾아보기 힘들다. 아니, 미래에도 불가능할 것이다. 특히 점점 치열해지고 있는 기업 경쟁 환경에서 인공지능 기술보다 그 기업에서 일하고 있는 사람은 늘 중요해 왔었고, 앞으로도 그럴 가능성은 훨씬 높다. 그래서인지 요즘 기업의 이미지 광고에서 인재, 즉 사람의 중요성을 강조하는 것을 심심치 않게 볼 수 있다.

왜일까? 인공지능이란 말 그대로 "人工, 사람이 만들어 낸" 것이다. 인공지능은 사람보다 빠르고 정확하게 판단하는 것을 목적으로 하지만, 그 바탕에는 사람만이 할 수 있는 유연하고 직관적인 감각 능력을 흉내내는 것이라는 개념이 깔려있다. 자동응답서비스에서 상담사가 할머니에게는 쉬운 단어로 크게 말하고, 어린이에게는 상냥하고 나긋나긋하게 대하는 것은 그리 어려운 일이 아니다. 더 중요한 것은 모든 업무를 마치고 난 후에 한마디 더 할 수도 있다는 것이다. "더 도와드릴 것은 없나요?"처럼 …. 추후에 인공지능이 비약적으로 발전하면 이런 모습과 더 가까워질 수 있지만, 그때에는 인공지능에 지친 사람들의 또 다른 필요가 생길 수도 있을 것이다.

산업공학은 기술과 사람을 동시에, 혹은 사람을 더 중요시 하는 학문이라고 할 수 있다. 공학의 최종 목표 중 하나가 인류의 풍요로운 삶에 기여하는 것이라면, 그 중에 특히 산업공학은 시대의 흐름과 요구를 더 민감하게 수용하여 우리의 풍요로운 삶에 기여한다. 기술이 어떻게 우리의 삶을 더 나아지게 할 것인지에 대해서 기술적 측면과 인간적 측면을 폭넓게 고려하기 때문이다.

살맛 나는 세상을 위해 산업공학이 할 수 있는 사례

세상 살면서 내가 좋아하고 잘하는 것만 할 수 있다면 얼마나 좋을까? 나만 그렇지 않고 세상 모든 사람들이 그렇게 살 수 있다면 그거야 말로 환상에서만 존재할 수 있는 이상적인 세상이 아닐까 싶다. 그러나 어려운 도전이 있다면 이에 대한 극복의 과정을 통해 우리가 발전해 왔음을 돌이켜 보면, 이런 이상적인 세상을 향해 한 걸음씩 진보해 나가야 한다. 자기가 잘하고, 하고 싶은 일을, 하고 싶을 때 할 수 있는 세상이 된다면 이것이 살맛 나는 세상이 아닐까?

그렇다면 산업공학이 어떻게 사람과 기술, 기계들을 폭넓게 고려하여 살맛 나는 세상을 구현하는데 일조할 수 있는지 사례를 들어 알아보자. 아주 다양한 경우가 있겠지만, 여기에서는 제조 기업에서 생길 수 있는 한 예를 들어 소개하고자 한다.

앞서 소개한 자동차 부품을 생산하는 기업에서 근무하는 신고민 씨는 자기를 포함해서 5명이 한 조를 이루어 작업을 한다. 이 기업에서는 워낙 다양한 종류의 제품을 만들어야 하기 때문에 해야 하는 작업의 종류도 다양하다. 그 중 몇 가지를 보면 가공할 부품 자재를 운반하는 일, 부품 가공을 위해서 기계 작동을 준비하는 일, 기계가 잘 가동되고 있는지 모니터링하는 일, 가공된 부품을 기계에서 꺼내는 일, 원하는 규격대로 잘 만들어졌는지 측정하는 일, 기계로 가공이 어려운 부분을 세밀하게 조정하여 추가 가공하는 일 등이 대표적이다. 물론 이런 모든 일들을 신고민 씨의 조원들이 항상 하는 것은 아니다. 많은 경우에 이런 작업들은 로봇이나 기계가 담당하지만, 주문이 몰려 바쁠 때나, 기계들을 정비하는 경우에는 신고민 씨의 조원이 이런 작업들을 나누어 수행해야 한다.

신고민 씨가 조장으로 있는 작업조에 있는 조원들은 최근에 입사한 조원부터 근무 경력이 20년에 이르는 베테랑 조원까지 모두 다양한 경력을 가지고 있다. 또한, 고등학교에서 기계가공을 배운 조원도 있지만, 일반계 고등학교를 마치고 전자 분야에 대한 직업교육을 받은 조원도 있다. 그러니 여러 작업마다 잘하고 못하고, 혹은 좋아하거나 기피하는 작업의 차이들이 많을 수밖에 없다.

신고민 씨는 요즘 어떻게 하면 자기 조원들이 가급적 잘 할 수 있고, 좋아하는 작업을 할 수 있도록 도와줄 수 있을까 고민이 깊다. 무조건 자기가 하고 싶은 일만 할 수 있도록 해주면 좋겠지만, 신고민 씨 조가 감당해야 하는 제품별 작업량과 기계, 로봇의 운영 효율과 정비 일정까지 동시에 고려해야 하니 이 문제가 보통 문제가 아님을 알게 되었다. 그래서 찾은 사람이 바로 산업공학을 전공한 주해결 씨다.

이 문제를 받아본 주해결 씨는 기계에 작업을 할당하는 전통적인 스케줄링 문제뿐만 아니라 예지보전, 납기준수, 작업자 역량 진단 등이 복잡하게 얽힌 문제임을 알고 무척 당황스럽다. 더군다나 기계가 아니라 사람을 더 중요하게 여기는 신고민 씨의 의도를 반영하기 위해서 어떻게 할까 고민이 더 깊어진다. 그러나 주해결 씨가 누구인가? 산업공학의 강점을 누구보다 잘 활용할 줄 아는 그가 이제 신고민 씨의 고민인 사람을 배려하는 스케줄링을 해결하려 한다.

문제의 출발은 신고민 씨 조의 작업자인 조원들마다 각자 작업종류별로 능력과 선호도가 달라서 자신이 느끼는 작업의 난이도 역시 다르다는 것이다. 그래서 우선 작업별로 작업자들의 경험과 의견을 바탕으로 작업 적합성을 정리해 보았다. 물론 이것은 확정된 결과

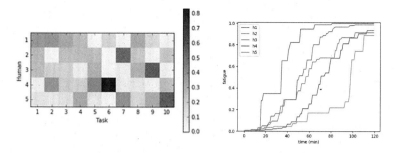

그림 8-1 개선 전 작업 분포(좌: 작업 능력 측정 결과, 우: 피로도 축적 추이)

가 아니라 확률적 예측치로 간주하였다. 예를 들어 〈그림 8-1〉의 좌측의 그림을 보면 작업자4(Human4)가 작업6(Task6)에 대한 능력이 우수한 반면, 같은 작업에 대해 작업자5(Human5)는 그 능력이 떨어질 수 있다는 것이다. 주해결 씨는 내심 흐뭇하다. 왜냐하면 자신이 산업공학을 전공하면서 말이나 느낌으로 밖에 표현될 수 없는 현상들을 체계적이고 객관적으로 정리할 수 있는 능력을 갖추게 되었다는 점을 다시 한 번 체감할 수 있었기 때문이었다.

어떤 현상을 체계적으로 정리하였다면 그 현상이 의미하는 바를 찾아내야 한다. 이를 위해서 주해결 씨는 작업의 난이도가 사람에게 어떤 영향을 미치는지 알아보기로 했다. 그동안 다양한 분야에서 자신이 감당하기 어려운 작업을 수행할수록 피로도가 급격하게 증가한다는 연구결과들을 찾아볼 수 있었다. 그래서 그도 5명의 조원을 대상으로 각 작업에 따른 피로도 분석을 실시하였다. 예를 들어 〈그림 8-1〉의 우측 편에 있는 그래프를 보면 특정 작업에 대해서 작업자1(h1)은 초기에 급속하게 피로도가 증가하는 반면 작업자

2(h2)는 초기에는 피로를 느끼지 못하다가 어느 순간에 급격하게 피로도가 증가되는 현상을 알아낼 수 있었다.

이제 주해결 씨가 본격적으로 이 문제를 해결할 단계에 접어들었다. 어떤 방법이 적합할까? 다양한 해결방안을 모색하다가 주해결 씨가 선택한 것은 바로 "딥러닝"이라는 방법이었다. 알파고로 유명세를 떨쳤던 방법이다. 정답을 미리 알 수는 없지만 수만, 수백만 번의 시행착오를 반복하면서 잘 되었던 경험들의 교훈을 차곡차곡 쌓아서 반영하면 정답을 찾을 수도 있다는 철학을 바탕으로 하는 인공지능 분야의 한 방법이라고 할 수 있다.

딥러닝이라는 분야도 산업공학 분야인가?라는 의구심을 갖을 수 있지만, 앞서 언급한 대로 산업공학은 시대의 흐름과 요구를 적극적으로 수용한다는 점을 생각하면 산업공학만큼 진화하는 분야도 드물다. 이런 면이 주해결 씨의 또 다른 장점이기도 하다. 해결해야 할 문제의 큰 맥락을 짚고, 그 문제의 구성과 고려해야 할 항목을 체계적으로 정리하여 분석한 후, 그 문제 해결에 가장 적합한 방법을 활용하여 해결하는 능력이 산업공학을 전공한 주해결 씨의 역량으로 작용한 것이다.

그는 우선 마구잡이로 작업을 기계와 작업자에게 할당해 보았다. 그 결과, 작업자의 피로도가 급격하게 증가하거나 또는 작업자에게 적합하지 않은 작업이 배정되었으면 약간의 벌점을 주고, 그렇지 않은 경우에는 보너스 점수를 부여하였다. 이를 참고하여 다시 작업을 할당한다. 그리고 다시 그 작업 할당 결과를 보고 벌점과 보너

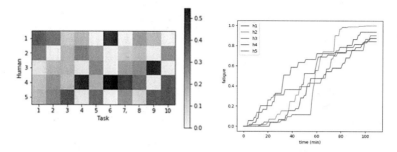

그림 8-2 개선 후 작업 분포(좌: 작업 능력 측정 결과, 우: 피로도 축적 추이)

스를 적절하게 부여한다. 이런 방식을 많은 반복을 통해 계속하게
되면 벌점은 줄고, 보너스 점수는 증가되는 결과를 얻는다.

〈그림 8-2〉의 좌측 그림을 보면 〈그림 8-1〉의 좌측 그림과 그
패턴이 유사함을 알 수 있다. 즉, 초기 작업자의 작업 능력 분포와
유사하도록 작업들이 배정된 결과이다. 작업자별로 자신의 능력에
적합한 작업을 수행하도록 조정된 것이다. 또 다른 결과를 보면
〈그림 8-2〉의 우측 그래프는 〈그림 8-1〉의 우측 그래프에 비해 피
로도가 증가하는 추이가 각 작업자별로 편차가 줄어들었음을 알 수
있다. 즉 시간의 흐름에 따라 모든 작업자들의 피로가 비슷하게 증
가되도록 작업 할당이 이루어진 결과이다. 누구는 일찍 피곤해지고,
누구는 나중에 급격하게 피곤해지는 불균형 현상을 줄인 것이다.
주해결 씨는 이를 "노동의 민주화"라는 우스개 농담을 하면서 이
결과를 신고민 씨에게 설명해 주었다.

자신의 조원들 간의 작업 할당이 매우 균형감 있게 할당된 결과
를 받아든 신고민 씨는 한편으로 매우 만족스러웠지만, 다른 한편

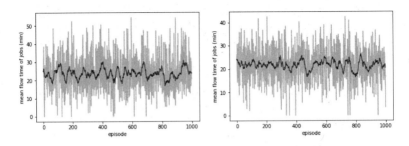

그림 8-3 제품별 작업장에 머물러 있는 시간 (좌: 개선 전, 우: 개선 후)

으로는 새로운 고민에 휩싸였다. 자기들에게는 좋은 결과지만, 과연
회사의 관리자나 경영층 입장에서는 어떨까 하는 것이 바로 그 고
민이다. 작업자도 편해야 하겠지만, 기업의 제조 생산성 측면도 일
정 부분 확보되어야 하기 때문이다. 책임감 있는 신고민 씨는 이런
고민을 어렵사리 주해결 씨에게 토로했다.

　신고민 씨의 고민에 주해결 씨는 씨익 웃으며 다음과 같은 결과
를 보여주며 설명했다. 주해결 씨가 적용한 딥러닝에는 작업자들의
작업 적합성만 고려한 것이 아니라 공정의 생산성 지표도 고려했다
는 것이다. 즉, 벌점과 보너스 점수를 산정하여 부여할 때 각 제품
이 제조공정에 얼마나 머물러 있는지의 시간도 고려된 것이다. 제
품이 제조공정에 오래 머문다는 것은 그만큼 제조 생산성이 떨어진
다는 것을 의미하므로 제조 생산성 저하를 야기할 수 있는 작업 할
당을 피하도록 하는 장치를 딥러닝 과정에 반영하였다. 그러면서
보여준 것이 〈그림 8-3〉이다. 각 제품마다 공정에 머물러 있는 시
간의 분포가 작업 할당 개선 전과 개선 후에 큰 차이가 없다는 것

이다. 세로축이 제품이 공정에 머물러 있는 시간을 나타내는데 두 그래프를 비교해 보면 그 분포가 거의 유사함을 알 수 있다. 신고민 씨가 경영층에 새로운 작업 할당 방식을 제안할 때 아주 자신 있게 말할 수 있는 근거를 마련해 준 것이다.

사람 중심의 미래 기업을 이끌 산업공학

산업공학은 다른 어느 학문보다도 융합적 성격이 강한 분야이다. 그런데 세상을 가만히 보면 아주 다양한 주체들이 매우 복잡한 형태로 얽혀있는 형국임을 느낄 수 있다. 다른 어떤 분야보다도 산업공학이 기여할 수 있는 점이 바로 여기에 있을 수 있다. 사람, 물건, 기계, 기술, 환경, 에너지, 금융 등의 어려운 이슈들을 통합적으로 고려한다는 것은 대단히 어려운 일이다. 이렇게 대단히 어려운 문제를 통찰하여 이 문제가 어떻게 구성되어 있고 얻고자 하는 것이 무엇인지, 이를 해결할 수 있는 방안은 어떤 것들이 있고, 그 결과는 무엇을 의미하는지에 대한 체계적 접근 능력이 바로 산업공학의 강점이다.

산업공학은 현재를 살고 있는 시대적 흐름과 요구, 그리고 바람직한 발전 방향에 대한 끊임없는 성찰과 이에 대응할 수 있는 능력의 배양을 강조한다. 특히, 천편일률적인 기술의 수동적 소유자가 아니라 능동적 자기계발을 지향하는 협력적 리더의 모습을 지향한다.

미래의 기업을 포함하는 대부분의 조직은 결국 "사람"의 문제로 조명될 수 있을 것이다. 이러한 시대적 변화를 주도하기 위해서는 사람을 위한 기술, 사람과 공존하는 기계의 중요성에 주목할 필요가 있다. 이러한 관점에서 인류의 삶을 풍족하게 하는 것을 지향하는 공학의 중심에 산업공학이 있다고 할 수 있다.

CHAPTER 09

대학 강의실 배정
프로세스를 효율화하다

고려대학교 정태수 교수

한국대학교는 매 학기 강의실 배정을 수기로 진행하여 왔는데, 배정할 강의실이 부족하여 매번 어려움을 겪고 있으며 이를 담당하는 각 단과대학 행정실 직원은 항상 골머리를 앓고 있다. 혹여나 특정 시간대에 배정 가능한 강의실에 비해 배정해야 할 강의 수가 많으면 다른 단과 대학으로부터 강의실을 빌리기 위해 타 단과대학 행정직 직원들에게 부탁하거나 혹은 개별 학과에 강의 스케줄 변경을 요청하는 등 애로점이 많이 있다. 이에 한국대학 교는 어떻게 하면 그간 수작업으로 해오던 강의실 배정 프로세스를 개선하여 강의실 부족문제를 해결하면서 동시에 행정직원들이 본연의 업무에 집중하여 학사행정의 효율화를 이룰 수 있을지에 대해 고민을 하기 시작했다.

최근 학령인구 감소에 대비하여 교육부는 이미 대학구조개혁을 진행하고 있으며 대학은 등록금 동결, 입학정원 감소 등 학교 운영 재원의 감소로 인해 캠퍼스 내 건물 신축을 통한 강의실 및 연구실 공간 추가 확보에 어려움을 겪고 있는 것이 현실이다. 이로 인해 많은 대학에서는 단과대학 간에 공간 확보를 위해 치열하게 경쟁하고 있고 일부 대학에서는 "공간조정관리 위원회" 등을 대학본부에 설치하여 공간 조정을 조율하고 있다. 일반적으로 대학에서는 공간을 크게 강의 공간, 연구 공간, 행정지원 공간 등 3가지로 구분하고 있으며, 대부분 대학들은 물리적인 공간 부족으로 인해 많은 어려움을 겪고 있으며 더불어 단과대학 간의 공간 자원 불균형과 관련하여 대학본부에 불만을 갖고 있는 것으로 알려져 있다.

연구 공간 부족은 신임교원에게 연구실을 배정하지 못하는 경우를 야기할 정도로 여러 해 동안 해결하지 못하는 대학에서의 어려운 문제 중에 하나이지만 더욱 고민이 되는 공간은 강의 공간이다. 강의 공간은 교수의 선호도(강의실, 강의시간, 강의시설 등) 및 과목의 특성을 고려하여 강의실을 배정하기 때문에 많은 대학의 경우 교직원이 일일이 수작업으로 진행하고 있는 것으로 알려져 있다. 일반적으로 수도권의 4년제 대학은 학기별로 2,000~5,000개의 개설과목을 운영하고 있으며 매 학기 수천 개에 이르는 과목에 대해 강의실을 수작업으로 배정하고 있어 해당 작업에 많은 시간을 소요하고 있다. 몇몇 대학에서는 수업시간 및 강의실 전체를 자동배정 처리하는 연구 및 시스템 구축에 관한 시도가 있었으나 모든 특성을 고려하여 수업시간 및 강의실을 자동 배정 하는 데에는 많은 어려움이 있어 실제 적용사례는 많지 않은 것으로 보인다.

본 사례를 통해 살펴보고자 하는 한국대학교 또한 매 학기 강의실 부족으로 인해 각 과목별 강의실 배정에 어려움을 겪고 있다. 한국대학교는 이에 현재 강의실 배정 프로세스를 개선하여 강의실 이용률을 높이는 방안에 대해 고민하기 시작하였다. 또한, 기존에 단과대별로 행정직원의 수작업에 의존해오던 강의실 배정 프로세스를 자동 배정 시스템으로 전환하는 것으로 개선방향을 정하였다.

이에 먼저 강의실 부족현상이 해결되지 않고 매 학기 반복되는지를 확인해보기 위해 기존 데이터를 기반으로 실태조사 및 분석을 시행하였다. 현재 강의실 이용률을 알아보기 위해 각 강의실 별로 총 주간 강의시간 대비 실제 강의시간을 통해 강의실 이용률을 살펴보니 50%도 되지 않았음을 확인하였다. 또한, 각 강의별로 적절한 강의실이 할당되고 있는지도 데이터를 통해 확인해 보았다. '강의실 크기 적합도'를 배정된 강의실 수용인원 대비 강의 수강인원의 비율로 정의하고 기존 배정결과를 살펴보았다. 강의실 크기 적합도 측면에서 분석을 해보니 〈그림 9-1〉과 같이 강의실 적합도가 20~80% 선에서 넓은 분포로 강의실이 배정이 이루어지고 있음을 확인할 수 있었다. 이는 수강생 수 및 강의실의 규모에 대한 전반적인 검토 작업 없이 수강인원보다 큰 강의실에 강의가 임의로 배정된 경우도 매년 상당수 존재했음을 의미하며, 매 학기 비슷한 패턴을 보이는 것으로 볼 때 이전 학기에 배정되어 있던 강의실에 수강

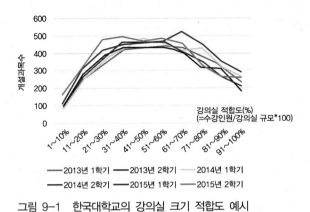

개설과목수

강의실 적합도(%)
(=수강인원/강의실 규모*100)

1~10% 11~20% 21~30% 31~40% 41~50% 51~60% 61~70% 71~80% 81~90% 91~100%

―― 2013년 1학기　―― 2013년 2학기　―― 2014년 1학기
―― 2014년 2학기　―― 2015년 1학기　―― 2015년 2학기

그림 9-1　한국대학교의 강의실 크기 적합도 예시

인원 제약에 문제가 없는 한 가능한 한 동일수업을 배정하는 방식
으로 이루어지지 않았을까 추측을 하게 되었다.

　그래서 실제로 기존에 수작업에 의존하였던 강의실 배정이 어떠
한 의사결정 과정을 통해 이루어지고 있는지 파악해보는 것이 중요
하였다. 이에 각 단과대학 강의실 배정을 담당하였던 교직원들과의
인터뷰를 진행하였다. 전산화하는 측면에서도 이러한 실제 담당자
들과의 인터뷰가 중요한데, 기존의 단과대학별 강의실 배정 논리를
가능한 한 반영할 수 있는 부분이 무엇인지를 사전에 파악하여 전
산화로의 전환에 따른 학내 구성원들의 반발을 가능한 한 최소화해
야 하는 것도 고려해야만 했다. 예를 들어 이전에 배정되었던 강의
실에서 강의를 진행하는데 문제가 없었다고 생각하는 교수 및 강사
들이 전산화 이후 기존의 강의환경과 다른 강의실에 배정되었을 때
이에 대한 불만을 학교측에 제기하는 사례가 많다면 전산화 시스템
을 학내에 정착시키는데도 어려움이 있기 때문이다.

그럼 인터뷰를 통해 확인된 한국대학교의 기존 강의실 배정절차를 살펴보자. 일단 강의시간 변경이 불가한 기초 교양과목에 대해 강의실을 우선 배정하고 전공과목에 대해서는 학과 교수로부터 해당학기 개설과목 및 수업시간을 통보 받아 단과대학별로 강의실 배정작업을 수작업으로 진행한다. 전공과목의 강의실 배정작업은 일반적으로 지난 학기 강의실 배정 정보를 참고하여 단과대학별로 행정직원들이 모여서 배정 가능한 강의실들을 협의 후, 과목 및 교수의 특성을 고려하여 수작업으로 강의실을 배정하고 있다. 각 단과대학별 강의실 배정을 위한 절차를 좀 더 살펴보면 다음과 같다.

1. 각 학과에서는 교수들로부터 다음 학기 개설과목 및 선호 강의 시간대를 조사한다.
2. 학년별로 수업 간에 겹치지 않도록 조정이 이루어진 후 단과대학 행정실에 강의시간표를 제출한다.
3. 단과대학 행정실은 각 학과로부터 제출된 강의시간표를 바탕으로 단과대학별 강의실 배정 우선순위와 정원, 강의실 환경 요구사항, 지난해 강의실 배정상황 등을 고려하여 강의실을 배정한다.
4. 1차적으로 강의실 배정이 완료된 후 수강신청 이후 정원이 증가하여 기존 배정 강의실에서 강의가 진행될 수 없는 경우 강의실 변경이 이루어지며 조정이 최종적으로 이루어지면 강의실 배정 프로세스가 종료된다.

이상의 프로세스를 살펴보면 배정에 있어 여러 어려움이 있음을 쉽게 짐작할 수 있다. 먼저 단과대학별로 강의실 배정이 이루어진다는 의미는 강의실이라는 자원이 단과대학별로 사전에 지정되어 있고, 제한된 자원을 바탕으로 강의실 배정이 이루어지고 있다는 것이다. 즉, 강의실 자원이 학교차원에서 풀링(pooling)이 되어 있지 않고 각 단과대학별로 관리하고 있는 강의실들을 바탕으로 배정이 이루어지므로 단과대학별 자원 보유량의 불균형이 문제가 되고 있었다. 실제로 매 학기 특정 단과대학은 자체적으로 개설강의들을 소화하지 못하여 부득이 다른 단과대학에 남는 강의실을 빌려달라고 요청하는 일들이 반복적으로 발생하고 있음을 인터뷰를 통해 확인할 수 있었다.

또한 강의자의 강의 선호 시간대를 기반으로 강의 스케줄 안이 마련된다는 점이다. 아무래도 강의자들이 선호하는 시간대는 대부분 비슷할 것이며 각 학년별 전공과목들의 강의시간들이 겹치지 않는 이상 선호하는 시간대로 강의개설을 요청하게 된다. 한 학과로 보면 특정 요일 특정 시간대에는 학년별로 최대 4개의 과목이 개설되는 셈이며, 단과대학 전체로 보면 학과 수에 4를 곱한 수만큼은 강의실이 확보가 되어 있어야 한다. 그런데 보유하고 있는 강의실 수가 이보다 크더라도 또 어려움이 있다. 대학교 강의실은 일반적으로 다양한 강의들을 수용할 수 있도록 다양한 크기의 강의실들이 구비되어 있다. 하지만 강의의 특성상 정원보다 작은 강의실에 강의를 배정할 수 없으며 너무나 큰 강의실에 정원이 적은 강의를 배정하는 것도 곤란하다. 그러다 보니 특정한 선호 시간대에 강의를 개설하고자 하는 요청이 실제로 정원을 고려하여 할당 가능한 강의실보다 많은 경우에는 강의실 배정에 큰 어려움을 겪고 있었으며 이를 위한 강의실 및 강의시간 조정 작업에 상당한 시간을 할애하고 있었다.

한국대학교의 강의실 배정 문제와 같은 제한된 자원을 할당하는 문제는 단순히 강의실 배정에만 국한된 것이 아닌 대부분의 경제학적 문제에서 발생하는 일반적인 문제이다. 자원을 배분할 때 조율의 대상이 되는 이해관계자들의 수가 증가하게 되면 상호간의 조율에 있어 문제가 발생할 수밖에 없다. 따라서 효과적인 조율을 진행하기 위해 일단 조율에 참여하는 이해관계자 수를 줄이는 방법을 생각해 볼 수 있다. 또한 모든 참여자들 간의 동의 하에 일정한 규칙을 만들어 이에 따라 자원을 배분하는 방법을 생각해 볼 수 있다. 이것이 가능하다면 정량적인 지표에 근거하여 일정한 규칙을 기반으로 시스템적으로 배정하는 방식도 가능할 것이다.

먼저 조율의 대상 수를 줄이는 방편으로는 학과 단위로 정해진 강의실을 사전에 배정하는 방식을 생각해볼 수 있다. 단과대학 전체 강의를 대상으로 조율하는 것보다는 학과단위로 최대한 조율을 하여 가능한 한 많은 강의를 정해진 강의실 내에서 소화하도록 하는 것이다. 각 학과 내에서 부득이 조율이 어려웠던 강의들을 모아서 이들을 대상으로 2차적으로 강의실을 배정하게 된다면, 일단 학과내 이해관계자들이 단과대학내 이해관계자 수보다 적기 때문에 상호간의 의견 조율이 좀 더 수월할 수 있다. 또한 가능한 한 많은 강의가 지정된 강의실에서 배정되면 배정에 실패한 강의들의 수가 적어 단과대학 전체 강의들을 대상으로 강의실을 배정하는 노력에 비해 그 수고가 덜 할 것이다. 수강학생들 입장에서도 대부분의 강의가 지정된 장소에서 개설되므로 익숙한 환경에서 많은 강의들이 이루어져 편의성이 증가하게 된다. 하지만 이러한 방식에도 문제가 없는 것은 아니다. 특히 사전에 학과로 배정되는 강의실들을 어떠한 근거를 바탕으로 몇 개의 강의실을 학과에 배정할 것인가에 대해 학과 구성원들의 의견을 반영한 심도있는 논의가 필요하게 된다. 일부 학교들은 이러한 방식으로 강의실 배정 문제를 해결하고 있기도 하다.

한국대학교의 경우에는 이러한 방식보다는 학교전체 강의실 자원을 풀링하여 개설강의를 일련의 인터뷰를 통해 도출된 일정한 규칙에 근거하여 배정하는 방식을 선택하였다. 한국대학교의 경우에는, 일부 과목의 경우에 과목 특성상 실험기구 혹은 기자재가 구비되어 있는 강의실에 배정이 되어야만 하는 경우가 있어 이러한 특수과목에 대해서는 강의실을 사전에 지정하였다. 그리고, 시스템을 통해 강의실을 배정함에 있어서도 강의자의 강의실 선호사항을 최대한 반영을 하기 위해서 과목별로 선호 건물 정보, 강의실 환경에 관한 정보 등에 대한 입력을 받았다. 예를 들어, 수학 강의를 담당하는 교원의 경우 가능한 한 좌우로 긴 분필 칠판을 구비한 강의실을 선호하여 가능한 한 강의자의 선호사항을 만족하는 강의실을 배정하였다. 강의실 배정을 전산화하는데 있어 기존 전산처가 보유하고 있는 데이터로는 이러한 세부적인 강의실 선호사항을 반영할 수 없었기에 추가적으로 학내 강의실에 대한 전수조사를 수행하여 인터뷰를 통해 도출된 강의자들의 강의실 환경 요소들에 대한 정보를 수집하여 데이터베이스화하는 작업도 동시에 진행되었다.

이상과 같이 각 과목별 선호 시간, 강의자의 선호 건물 및 강의실 환경 정보 등을 입력 받으면 이후 자동 배정 시스템을 통해서 강의실을 배정하게 되는데 이때 다음과 같은 고려사항을 반영하여 배정의 우선순위를 결정하였다. 우선 3년간의 강의실 배정 데이터자료 분석을 통해 강의실 배정 시 사전에 입력 받은 선호 건물, 강의실 적합도(강의실 규모 대비 수강인원 비율), 담당교수 적합도(최근 3년간 강의실 재사용 빈도수)를 고려하였다. 선호 건물의 배점은 1순위에서 3순위까지 배점을 구성하였고, 강의실 적합도의 경우는 강의실 적합도가 75~85% 사이를 최고점을 부여하여 수강인원 대비 강의실 규모가 80%선에 가장 많이 배정되도록 하였다. 또한, 강의실 재사용 빈도수를 고려하여 강의실 배정으로 인한 불만족 사항을 고려하고자 담당교수 적합도도 배점에 활용하였다. 최종 우선순위 점수는 각 고려사항의 가중합으로 계산하며, 이러한 우선순위 점수는 특히 특정 강의실에 두 과목 이상의 강의실 배정 등과 같은 충돌 발생 시 활용하게 된다. 적절한 가중치는 이전 학기에서 강의실 배정을 위해 입력했던 정보와 최종 강의실 배정 정보를 활용하여 자동배치를 통해 나온 강의실 배정 결과와 실제 배정 결과 간의 유사도를 기반으로 결정함으로써 전산화로 인한 구성원들의 불편함을 최소화하였다. 또한, 대형 강의실에 수강인원이 적은 강의가 배정되는 경우의 수를 줄이기 위해 강의실 규모에 따른 강의실 배정 가능 과목을 수강인원 정보를 기반으로 수강인원 하한선을 사전에 결정하여 비효율적인 강의실 배정을 시스템적으로 제한하였다. 더불어 한국대학교 측에서는 자동 배정을 위한 알고리즘을 개발하는데 있어 수리계획법 기반의 모델링 및 메타 휴리스틱 기반의 랜덤화 알고리즘 방식의 해법 도입을 검토하여 내부적으로 적용 가능성을 개발 후 검증하였으나, 배정결과가 나왔을 때 내부적으로 검증이 가능한 형태의 알고리즘 개발을 본부측에서 기대하여 다음과 같은 규칙기반 방법론을 바탕으로 자동 배정 시스템을 위한 알고리즘을 설계하였다.

그럼 한국대학교의 대략적인 강의실 자동 배정 절차에 대해 살펴보자. 강의실 배정 절차는 총 4단계에 걸쳐 진행되는데, 1, 2단계는 교수가 선호하는 선호 건물을 대상으로 강의실을 배정하고 3, 4단계는 선호 건물에 강의실이 부족할 경우 선호 건물의 인접 건물로 배정하는 것을 원칙으로 강의실을 배정하였다. 각 단계별 차이는 과목별 배정의 대상이 되는 강의실 집합의 차이만 있으며 세부적인 강의실 배정 절차는 동일하다.

먼저 각 과목별로 배정 가능한 강의실 목록 전체를 선별한다. 즉, 과목 i가 월, 수 2교시에 진행되고, 수강인원이 30명이며 강의자가 분필칠판을 선호한다면, 선호 건물 내 강의실 중 분필칠판이 설치된 좌석이 30명 이상인 강의실 목록을 도출한다. 이후 입력된 강의 목록을 강의실 배정 우선조건에 따라 정렬한다. 예를 들어, 전임교원의 경우 임용일자 순으로 우선 할당하여 연령대가 높은 교원이 선호하는 강의실에 우선 배정되도록 하였다. 그리고, 각 강의별 강의실 배정이 가능할 경우 기본적으로 우선순위 배점이 높은 강의실에 해당 강의를 배정하지만, 실제구현에는 다음과 같은 사항을 추가적으로 고려하였다. 강의실 배정에 있어 특정 강의실에 편중되게 강의실이 배정되는 것을 막기위해 우선 배정 강의 할당 배점을 고려한 강의실 균형배정을 적용하였으며, 전임교원의 경우 2개 이상의 강의를 담당할 경우 배정 만족도 향상을 위해 같은 강의실에 우선 배정하였다. 그리고 강의실 배정 시, 예를 들어 월, 수 2교시 과목 i에 대해 강의실 j가 배정되었다면, 타 강의들이 같은 시간대에 강의실 j에 배정되지 못하도록 시스템적으로 차단한다.

매 단계별로 강의실 배정조건들을 달리하여 앞서 언급한 과정을 반복하게 되고, 이후 강의실을 배정받지 못한 과목들에 대해 다음과 같은 처리를 하게 된다. 본 과정에서는 강의실을 배정받지 못한 강의 i'에 대해서 해당강의를 배정할 수 있는 강의실 j들에 이미 배정받은 강의 i들을 대상으로, 만약 강의를 배정할 수 있는 강의실들 중 배정 가능한 빈 강의실이 존재하는 경우에 대해 배점을 고려하여 강의 i를 빈 강의실로 재배정하고 강의실 미배정 강의 i'를 강의 i가 배정되었던 강의실로 배정함으로써 강의실 미배정 강의들의 강의실 배정을 진행한다. 이 단계에서도 배정이 실패하게 되는 경우

표 9-1 강의실 자동 배정 결과

항목	수치
개설 과목 수	4,108
배정 요청 건수	2,331
배정 요청 비율	56.7%
선지정 건수	1,543
미입력 건수	234
배정 건수	2,292
미배정 건수	39
선호 건물 배정 건수	2,183
선호 건물 배정 비율	93.7%
인접 건물 배정 건수	109

는 강의시간 변경 혹은 요일별로 다른 강의실을 배정함으로써 배정 작업을 마무리한다.

강의실 자동 배정 시스템을 구축한 이후 시행한 강의실 자동 배정 적용결과는 〈표 9-1〉과 같다.

총 4,108건의 개설 요청 과목 중 1,543건은 실험·실습 과목이거나, 단과대학 특성상 반드시 특정 강의실을 이용해야 하는 경우의 강의에 대해서는 강의실 사전 지정을 통해 강의실이 배정되었다. 그리고 나머지 2,331과목을 자동 배정하였으며 39건을 제외한 모든 과목들이 전산화를 통해 자동 배정이 이루어졌다. 선호 건물에 배정된 비율은 93.7%로 대다수의 과목이 선호 건물에 배정된 것을

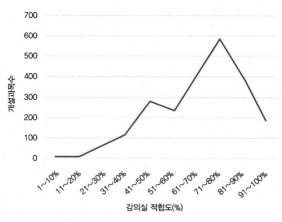

그림 9-2 강의실 자동 배정 강의실 적합도

알 수 있다. 또한 〈그림 9-2〉에서 보는 바와 같이 강의실 적합도 측면에서도 강의실 규모 대비 수업정원이 70~80%에 해당하는 강의들이 가장 많이 배정된 것으로 확인하였다.

이후 한국대학교는 매 학기 이렇게 개발된 자동 배정 시스템을 통해 강의실 배정이 이루어지고 있으며 자동 배정에 실패한 강의를 수기로 배정하는데 필요한 행정직원은 1~2명 정도에 불과하다. 또한 기존에 각 단과대학별로 수기로 진행되어 왔던 강의실 배정작업을 전산화를 통해 업무량을 경감하고 학사업무에 더 집중할 수 있는 환경을 구축하였다.

본 사례에서는 기존 수기로 진행되어 왔던 학내 부족한 자원 중 하나인 강의실이란 자원 할당을 전산화 작업을 추진하면서 어떠한 과정을 거쳐 최종 시스템을 구축하게 되었는지, 그리고 이 과정에서 사용된 산업공학적 접근방식에 관해 간략히 소개하였다. 기존 시스템을 개선하기 위해 먼저 기존 프로세스를 이해하는 것이 중요하며 이를 위해 각 단과대학 강의실 배정업무를 담당하였던 행정직원들과의 인터뷰를 통해 강의실 배정을 하는데 있어서의 주요 고려사항 및 유의점 등을 도출해내고 강의실 배정 프로세스를 보다 잘 이해할 수 있었다. 또한 배정 시 고려사항 중 하나인 강의실 환경에 대한 세세한 요구사항을 반영하기 위해 추가적으로 필요한 데이터를 수집하고 공간정보 데이터베이스를 구축하는 작업도 병행하였다. 이후 교무처와 전산처와의 협업을 통해 자동 배정을 위한 규칙기반 알고리즘을 설계하고 구현하여 이전 해 강의실 배정 전후 데이터를 바탕으로 검증작업을 통해 알고리즘을 개선하였다. 마지막으로 실제 강의실 배정에 적용한 결과 실제 운영환경에서 만족스러운 결과를 얻을 수 있었다.

본 사례를 통해 살펴본 문제는 어떻게 보면 산업현장에서 발생하는 문제와 비교하여 단순한 문제처럼 보이지만 다양한 이해관계자가 존재하는 상황에서 기존 시스템을 개선하기 위한 작업이 수월하지 않으며 실제로 문제를 깊게 살펴보면 고려사항도 많고 문제를 풀어나가는 데 있어 많은 어려움이 있었다는 점에 주목해야 할 것이다. 많은 산업공학도들은 현업에서 기존 시스템을 이해하고 개선해나가는 업무를 맡고 있으며 이들에게 모델링, 알고리즘 개발 등의 학문적인 지식과 경험은 필수적이며, 추가적으로 다양한 이해관계자들과의 협업을 잘 이끌어나갈 수 있는 커뮤니케이션 능력 또한 필요하다는 것이다. 이를 위해서 산업공학도는 현장에 대한 이해를 바탕으로 각 이해관계자들이 가지고 있는 관점을 이해하여 전체 시스템을 개선해나가기 위하여 이들을 어떻게 설득하며 협업을 유도할 수 있을지에 대한 부단한 노력이 필요할 것이다.

CHAPTER 10

반도체 제조 공기단축을 통한 생산성 혁신

연세대학교 이영훈 교수

반도체는 미국이 발명하고 미국과 일본이 세계 최고의 산업으로 발전시켰으나 2000년대 들어 한국이 세계 제일의 기술력과 경영 능력으로 선도하고 있다. 산업의 경쟁력의 핵심은 생산성인데 한국의 한 반도체 기업에서 생산성혁신을 달성하는 과정의 한 사례를 소개한다. 생산운영의 실현은 이제 전문적 지식과 이를 실현하는 현장에서의 체계적 구현이 필요하며 이 과정에는 리더십을 통하여 기업의 지식으로 체형화하는 과정이 필요하다. 소개하는 사례는 반도체 FAB 라인의 제조공기를 당시 120일 수준에서 30일 수준으로 줄이면서 생산성이 혁신적으로 향상되었고 한국의 타 반도체 기업에도 전파되어 한국의 반도체 산업이 생산 능력에서 앞서가는 하나의 계기가 되었다.

시작부터 산적한 문제점

회의가 시작되는 10시가 다가오자 정 부장은 입이 바짝 마르기 시작했다. 회의실 중앙의 임원석은 아직 비어 있지만 뒤로 의자만 놓여있는 자리에는 벌써 많은 사람이 와있었다. 의외로 부장급, 그 중에서도 별로 기대하지 않았던 생산기술 및 개발팀 과장, 부장들까지 참석해 있었다. 오늘 발표할 자료를 밤새워 만든 방 과장도 긴장되어 노트북의 화면을 연신 테스트했다. 3라인의 제조팀장 박 상무가 임원 중에서는 가장 먼저 회의실에 들어섰다. 별로 웃음기가 없이 다부진 모습으로 항상 위압감을 주는 모습, 늘 그랬다. 회의수첩을 탁자에 올려놓고 말없이 기다린다. 말을 건네는 것은 고사하고 눈인사도 부담스럽다. 정 부장은 마지막으로 발표 자료를 되짚어보고 시간이 되기를 기다린다. 어수선한 소리와 함께 각 라인의 제조팀장들이 회의실에 들어선다. 항상 떠들썩한 5라인의 이 상무가 정 부장을 보고 한 마디 한다.

"정 박사, 살살 합시다. 공장장이 막 밀어부칠 모양이던데 …."

이 상무는 다른 팀장과 달리 항상 정 박사라고 부른다. 정 부장은 국내대학에서 박사학위를 받고 과장으로 입사하여 부장으로 승진하고 지금은 제조혁신 업무를 맡고 있다. 대부분 정 부장이라고 부르는데 이 상무만은 꼭 정 박사라고 호칭한다. 이 상무가 정 박사라고 부르는 호칭의 의미가 박사에 대한 존경의 의미인지 냉소적인 의미인지 늘 궁금하다.

회의가 시작된지 5분 정도 지나서 공장장 김 부사장이 회의실 가운데 자리에 앉았다. 경영지원실장 허 전무가 분위기를 달래고자 농을 한다.

"무슨 초상집 같어. 오늘은 정 부장이 제조팀장들 기합 주는 날인가?"

좌중을 둘러보던 김 부사장은 자리가 빈 6라인의 김 상무에 대해 한마디한다.

"오늘 얘기는 김 상무가 제일 새겨들어야 하는데 하필 자리에 없어?"

"설비문제로 라인 들어갔다가 늦는답니다. 30분 정도 후에 도착한답니다."

대신 참석한 6라인의 제조부장이 기가 죽어 대답한다.

2주마다 열리는 제조혁신 정기회의는 총칼없는 전쟁터이다. 반도체의 시장 상황은 너무 좋아 한동안 월 1조 원의 매출을 올리고 수익률이 30%를 넘고 있었다. 그러나 작년에 증설한 대만의 제조라인이 곧 정상궤도에 오르고 일본의 경쟁회사도 설비교체로 지금 반도체 시장을 주도하고 있는 1기가 디램 메모리를 양산할 수 있어 시장 상황은 급격히 달라질 것이다. 지금까지는 생산량이 곧 판매량이었지만 조만간 공급과잉으로 가격이 폭락할 것이 너무나 확실해 보였다. 모두가 위기감에 쌓여있었다. 아니 어쩌면 제조라인은 사실 그렇게 급한 마음은 아니다. 생산목표만 주어지면 제조팀장

누구라도 목표를 달성할 수 있다고 믿고 있었고 사실이 그랬다. 제조전체를 책임지고 있는 공장장과 전략기획팀장만이 앞으로의 시장 상황에 대한 문제의 심각성을 느끼고 있었다.

"오늘 정 부장의 보고를 듣고 어느 라인에서 가장 먼저 추진할 것인지 의견을 내봐."

김 부사장은 정 부장의 보고 전에 다짐을 해둔다. 5라인의 이 상무는 내용도 듣기 전에 어떠한 이유를 대고 빠져 나갈 것인지를 곰곰 머릿속에 헤아린다. 며칠 전부터 온갖 이유를 찾았지만 공장장의 수를 넘을 수 있을 것 같지 않았다. 오늘 정 부장의 발표 내용 가운데 무언가 비법을 찾아야 하겠다고 생각했다.

"지난 연말에 미시간 대학의 리챠드 교수님의 강의를 잘 들으셨을 것입니다. 리챠드 교수님의 내용이 이론적으로는 맞지만 우리 회사 여건에 모두 맞는 것은 아닙니다. 그러나 그 중에서 우리의 제조리드타임이 길다는 지적은 매우 적절하고 현재의 상황에서는 매우 중요한 사항입니다. 오늘 이 문제에 대한 해법을 말씀드리겠습니다."

정 부장의 발표가 무겁게 시작되었다. 이 상무는 늘 그렇듯이 의자에 몸을 기대고 눈을 반쯤 감은 채 듣고 있다. 제조팀장 상무 6명은 사실 서로가 달라도 너무 달랐다. 이렇게 다른 성격의 제조팀장이 한 회사에 모이기도 힘들다고 생각될 정도이다. 학구파 1라인 제조의 손 상무는 계속해서 회의수첩에 무언가를 적고 있다. 정 부장의 발표가 회사 내 관심사였기 때문이었는지 회의가 진행되는 동안에도 연신 부장급들이 회의실에 들어와 뒷자리에 앉았다.

사실 리챠드 교수의 세미나 후에 김 부사장으로부터 제조혁신에 대한 발표를 준비하라는 지시를 받은 정 부장은 고민이 많았다. 제조라인의 문제점을 그동안 몇 차례 보고서를 통해 공장장에게 올렸지만 돌아오는 회답은 거의 없었다. 그 보고서들은 제조팀장에게 전해졌고 그로 인해 정 부장은 오히려 놀림감이 되곤 했다.

"정 부장, 반도체 생산은 말야, 산업공학이라는 학문이 해결 못해."

"정 박사, FAB 라인에 몇 번 들어가 봤어? 한 오십 번 정도는 들어가 본 후 이야기하자."

정 부장은 입사 후 반도체 라인의 특성을 이해하기 위해 전력을 다했고 해외 반도체 라인도 여러 번 방문하고 분석한 결과 이 회사의 제조생산성이 그리 높지 않다는 것을 알게 되었다. 회사에 채용된 첫 번째 산업공학 박사로서 제조운영의 기본 원리와 원칙에 대해 여러 경로를 통해 이야기했지만, 반도체에 대해 문외한이라는 이유로 매번 인정받지 못했다. 그래서 한 가지 묘안을 낸 것이 반도체 운영관리의 세계적 석학인 리챠드 교수를 초빙하여 사내에서 세미나를 개최한 것이었다. 그러나 그 과정도 순탄하지는 않았다, 석학 초빙에 대한 비용도 비용이었지만 회사 내의 대부분의 임원들은 반도체에 관한 한 세계 최고라는 생각에 우리보다 제조에서 우수한

그림 10-1 반도체 웨이퍼 및 공정

회사는 없다고 믿고 있었기 때문이다. 김 부사장의 결단으로 세미나는 개최되었고 의외로 부장급에서 많은 호응을 얻어 우리 회사도 변해야 한다는 생각에 공감대가 형성되기 시작했다. 정 부장이 제조혁신팀의 일을 추진하기에는 분위기가 좋게 형성되고 있었다. 그러나 막상 김 부사장의 발표 준비 지시가 떨어지고 난 뒤에, 이제는 본격적으로 새로운 제조의 방식을 제시하고 추진해야 한다는 생각에 겁이 나기 시작했다. 반도체 라인 공정에 대해 세세하게 모르고 있다는 생각에 산업공학 이론이 과연 적용될 수 있을 것인지 두려운 마음이 앞섰다. 임원들을 설득하는 것도 쉬운 일이 아니지만 그보다 진정으로 제조리드타임을 줄일 수 있는 해법을 찾아야 했다.

경영과학 지식과 현장경험의 충돌

현재 제조라인의 FAB 공정의 리드타임은 평균 120일이다. 웨이퍼가 생산라인 투입된 후 FAB 공정 후에 조립과정까지 포함하면 5달이 지난 후에야 반도체 메모리 완성칩으로 생산된다. 실제로 작업에 소요되는 시간은 평균 15일이 넘지 않는다. 그러나 라인별로 1,000개가 넘는 설비에서 800여 개 이상의 공정을 거치는 과정은 너무 복잡하다. 설비마다 소요되는 시간과 작업을 위한 묶음단위가 달라서 설비가 쉬지 않고 작업을 하기 위해서는 많은 양의 웨이퍼를 중간중간 쌓아 놓고 작업을 해야 했고 그러한 제조방법이 최선의 방식이라고 여겨졌다. 반도체 제조설비는 고가의 설비의 경우 한 대에 100억 원이 넘는 것도 있으며 길어야 5년 이내에 설비의 수명이 다하기 때문에 이 설비들이 쉬지 않고 작업하도록 만드는 것은 생산성의 기본이다. 그러다 보니 한 달에 웨이퍼 5만 장을 제조하는 라인에 20여만 장의 웨이퍼가 흘러다니고 있었다. 25장의 웨이퍼가 하나의 박스에 담겨져 이동하기 때문에 8천 개의 박스가 라인 내 쌓여 있었고 라인의 빈 공간은 어디나 웨이퍼 박스가 천장까지 빼곡하게 차지하고 있었다. 그러나 생산량 5만 장은 늘 순조롭게 달성되었고, 다들 이 방법이 최선이라고 생각하고 있었다. 정부장도 이를 모르는 것은 아니었다. 제조리드타임를 줄이기 위해서는 흘러다니는 웨이퍼의 양을 줄여야 하는데, 이 경우 설비가 쉬지 않고 작업하려면 모든 공정에 웨이퍼가 항상 충분히 공급될 수 있도록 할 수 있느냐 하는 문제가 남는 것이다. 이에 대한 해법을 제시하고 또한 제조팀장들을 설득하여 확신을 주어야 시행될 수 있다. 어떠한 상황에서도 월간 생산량 5만 장을 달성하는 것은 가장 중요한 목표로서 항상 이루어져야 하는 지상과제이다.

"잠깐, 발표 도중에 질문해도 되나요?"

숨 막히는 발표 도중에 항상 도전적인 2라인의 최 상무의 질문에 시선이 집중되었다.

"예, 언제든지 하십시오."

정 부장은 사뭇 긴장했다.

"용어들을 영어보다 쉽게 한국말로 썼으면 좋겠고, 원채 영어가 짧아서. 그런데 지금 제조라인의 웨이퍼 20만 장을 5만 장까지 줄일 수 있다는 것인데 상상이 안됩니다. 사실 웨이퍼가 라인에 좀 많다 싶어 2만 장 정도 줄여보기는 했는데 바로 생산이 뿌러지던데요. 그렇게 줄이고도 월 5만 장 생산이 가능하다는 것은 무슨 근거이지요?"

이곳에서는 생산이 목표달성을 하지 못하는 것을 "뿌러진다"라고 은어처럼 사용한다. 정 부장은 그 표현이 늘 재미있다고 생각했었다. 가장 중요한 이슈가 드디어 등장했다. 5만 장이라니. 15만 장이라면 혹시 몰라도. 그러나 월 5만 장 생산라인이 30일 제조리드타임을 달성하려면 흘러다니는 웨이퍼는 5만 장이어야 한다. 산업공학의 교과서에 나오는 기본 이론이다.

"사실, 뒷부분에서 자세히 설명하려고 했는데 질문이 나와서 우선 설명하겠습니다. 저희가 제시하는 방식대로 시행했을 경우에 대한 컴퓨터 모의실험을 진행했습니다. 5만 장의 웨이퍼만 가지고도 월 5만 장 생산이 가능하다는 결과가 나왔습니다. 오히려 20% 이상 생산량이 늘었습니다. 다만 컴퓨터 시뮬레이션은 오차도 있고, 또 제조라인의 아주 미세한 사항까지 고려한 것은 아니므로 이를 감안하여 10%만 생각해도 월 5만 5천장이 가능하다는 계산입니다."

정 부장은 다소 흥분되어 지난 3주간 밤새워 테스트하고 시험했던 결과를 힘주어 말했다. 머릿속 계산이 빠른 5라인의 이 상무는 5만 5천 장의 의미를 가늠해보고 있었다. 현재 라인의 병목공정인 스테퍼 설비가 50대 있는데 10% 생산량이 증가한다는 것은 스테퍼 설비를 5대 공짜로 얻는 것과 같을 것이다, 생산량을 증가시키려고 스테퍼 설비 구매를 몇 번이나 구매팀에 요청했지만 한 대에 100억 원이나 하는 설비 구매는 사장의 결재사항이고 지금 신규로 건설하고 있는 7라인 투자 때문에 모든 구매가 동결상태이다. 만약 정 부장의 말이 사실이라면 공짜로 500억 원을 버는 셈이고 생산량 증가는 그대로 수익이 될 것이다. 그런데 그게 가능한 일인가? 20년을 반도체에서 몸담은 나도 상상도 안 되는 이야기를 애송이 같은 젊은 친구가 주장하는데, 논리는 맞는 것 같고. 머리가 복잡했다.

발표의 후반부로 갈수록 분위기는 다소 지루해졌다. 제조임원들은 다소 냉소적일 수 밖에 없었는데, 이는 그동안의 제조라인보다 훨씬 더 많은 생산을 할 수 있다고 하는 논리를 받아들이기가 힘들었기 때문이다. 다소 전문적인 질문들이 오갔고 발표가 마무리되었다. 김 부사장이 입을 열었다.

"다소 어려워 보이는 내용이네. 제조팀장들은 다시 한 번 숙지하고 다음 제조임원회의 때 앞으로 어떻게 할지 논의합시다. 정 부장, 수고했어요."

폭풍과 같은 시간이 지나갔다. 정 부장은 그날 점심식사로 무엇을 먹었는지도 기억하지 못했다. 아니, 먹었는지조차도 기억할 수 없을 정도였다. 지난 두 달동안 팀원들과 고생한 결과치고는 다소 허망했다. 다들 그런 게 있구나 하는 정도로 반응하는 듯 느껴졌다. 이 곳 반도체 제조라인은 문제점이 많다고 생각했으나 정확히 무엇이 문제인지도 확정하기 힘들었고 더군다나 대안을 내기는 더욱 힘들었다. 사실 이 회사의 반도체 메모리칩 개발 능력은 세계 최고였다. 각 제품마다 세계 최초로 개발하여 전 세계 언론에 발표하였고 초반에 제품을 대거 생산하여 고가로 판매하여 수익을 많이 내는 전략을 내고 있었다. 제조라인의 생산성도 매우 좋게 보였다. 그러나 제조리드타임은 상식 밖으로 길었고 아무도 이를 문제 삼지 않았다. 세계 최고라는 곳의 생산경영방식은 문제가 있었고 이를 정 부장이 팀장으로 있는 제조혁신팀이 해결하리라고 결심했었다.

혁신이 시작되는 곳

정 부장의 발표 후폭풍은 서서히, 그리고 의외의 곳에서 터져 나왔다. 영업담당 부사장이 정 부장에게 본사가 있는 서울로 올라오라고 했다.

"제조가 한 달이면 된다는 것이 사실인가? 5만 장 생산라인에서도 가능한 것인가?"

영업담당 부사장은 정 부장을 보자마자 본론으로 들어갔다.

"외국의 생산라인 중에서 월 생산 5만 장 라인은 없습니다. 많아야 3만 장 생산라인인데 그곳에서는 실제로 그렇게 운영하고 있습니다. 그런데 이론적으로 3만 장이나 5만 장이나 다를 것은 없습니다."

영업의 최대 고민은 문제의 FAB 제조리드타임 4개월이었다. 조립공정까지 포함하면 항상 5개월 후에 판매가 예상되는 제품의 종류와 양을 결정해주어 제조에 요청하고 있었다. 그러나 제품이 나오는 5개월 후에 실제로 시장에서 잘 팔리는 제품은 항상 그 전 예측과 달랐다. 날이 갈수록 메모리 제품 시장의 변화속도는 빠르고 이에 대응하기 힘들어지고 있었다. 제조는 5개월 전 요청받은 대로 생산하는 것으로 책임을 다 한 것이고, 이미 생산된 제품이 팔리지 않은 채 창고에 쌓여 있는 양이 늘어나면서 영업의 책임은 더욱 커졌다. 그런 와중에 정 부장의 발표내용에 대해 영업담당 부사장이 소식을 들었고 FAB 제조리드타임이 30일, 1달로 줄일 수 있다는 것은 영업으로서 꼭 필요하고 절실한 문제 해법이었다. 조립 공정도 공기를 줄이는 프로세스를 실행한다면 영업으로서 40일 후에 팔릴 제품 정도는 정확하게 예측이 가능하고 그렇다면 팔릴 제품만을 제조에 요청할 수 있으니 현재의 수요예측 오차를 줄일수 있는 가장 완벽한 방법이다. 영업 부사장은 정 부장의 설명을 듣고 사장에게 이 프로젝트의 추진을 요청했고 사장은 영업이 필요하다고 주장한 이 내용을 공장장에게 다그쳤다. 이제 정 부장의 생산경영방식은 성공 가능성 여부를 떠나 시행해야 하는 논리가 되어 있었다. 정 부장이 갑자기 바빠졌다.

3라인의 박 상무에게서 호출이 왔다. 박 상무의 책상은 깔끔했다. 회의테이블에 앉자마자 여사무원이 와서 무슨 차를 드실 것이냐고 물었다. 3라인의 분위기는 군대 같다고 알려져 있다. 3라인 건물을 들어설 때부터 그러한 분위기가 사방에서 감지되었다. 사실 회사에 온지 3년 동안 여러 회의에서 박 상무를 자주 보았지만 제대로 이야기 한번 나누어본 적이 없었다.

"정 부장, 우리 라인에서 우선 시도해 보려고 하는데 도와줄 수 있겠나?"

"예? 아, 예 ….."

혹시나 박 상무가 할지도 모르는 공격성 질문에 답하려고 단단히 준비해 왔건만 질문은 고사하고 바로 시행하겠다는 의외의 요청이어서 정 부장은 할 말을 잊었다.

"도와드려야죠. 제가 라인을 세세하게는 잘 모른다는 것이 문제입니다."

"이곳에 자리 만들어 줄테니 이곳으로 출근하면 어때? 물론 아주 오라는 이야기는 아니고, 지금 제조혁신팀에 자리는 그냥 두고 일하는 동안만 이곳으로 출근해. 팀원 중에서 똘똘한 친구 몇 데리고 오면 좋을 것 같은데."

박 상무는 여사무원에게 제조부장을 부르게 시켰다. 신기하게도 1분이 채 안되어서 제조부장이 뛰어 왔다.

"안 부장, 정 부장 알지? 다음 주부터 여기서 근무하도록 자리 마련해주고 우리도 핵심인원으로 태스크포스팀을 하나 만들지. 제조 리드타임 한번 줄여 보자구."

"예, 알았습니다."

박 상무는 현재 제조팀장 중에서 고참 상무에 속한다. 승진하기 위해서는 무언가 보여주어야 할 때가 되었다고들 이야기했다. 그러나 그것만인 것처럼 보이지는 않았다. 그는 확신에 찬 육군 보병 사단장같았다.

"정 부장, 작년부터 자넬 유심히 봤어. 반도체 제조라인이 말야, 경험과 한 두 사람의 머리로는 감당이 안 돼. 무언가 경영방식이 있어야 한다고 생각했는데 그게 산업공학이 아닐까 싶어. 그렇다고 아직 확신하는 것은 아니야. 라인에서 일하는 건 머리도 있어야 하지만 몸도 따라주어야 해."

정 부장은 오늘 몇 번 뒤통수를 맞는 느낌이었다. 공허하다고 생각한 외침을 귀담아 듣는 사람도 있었다는 것을 처음 알았다. 막연하나마 정 부장의 가치를 알아주는 사람에게 무언들 못해줄까라고 속으로는 다짐하고 있었다. 반도체 산업은 첨단 하이테크 산업이기에 제조임원들은 대부분 전자공학이나 재료공학 전공자들이다. 공정과 설비기술 측면에서 전문가가 아니고서는 제조라인의 전반적인 사항을 관리하기 힘들다.

"제조는 말야, 골치 아픈 일이 많아. 공정기술도 최상이고 생산기술도 최상이고 설비운영도 최고로 하고 있는데 이게 합치면 삐그덕댄단말야. 공정별 밸런스가 중요하다는 건 모두가 아는데 어떻게 그게 이루어지는지는 아무도 몰라."

박 상무가 이렇게 말이 많은 사람인 줄 처음 알았다. 고민이 많기는 많은 모양이다. 그래도 매달 생산량 달성률은 3라인이 항상 최고이니 모든 게 완벽한 줄 알았다. 머뭇거릴 이유가 없었다. 이미 공장장에게 3라인에서 혁신프로젝트가 시도되고 있음을 보고했다. 다른 라인에서도 기대반 걱정반 조심스러운 마음으로 3라인 소식을 기다리고 있었다. 성공하면 주도권을 빼앗기는 것이고 그렇다고 실패하기를 바랄 수도 없었다. 제조혁신팀 과장 둘과 전산팀, 3라인의 제조담당 대리급 3명이 합류하여 하나의 팀이 되어 회의실 하나를 별도로 배정받았다. 매주 월요일 오후에는 3라인의 제조, 기술, 설비 담당부장 모두가 참석하는 회의가 소집되었고 박 상무가 직접 주관하였다. 현장작업자 반장 4명도 시프트 근무체제 때문에 밤낮이 바뀌어 지내지만 예외없이 참석하도록 했다.

제조운영방식의 정형화

새로운 제조의 운영방식에 대해 이름부터 지었다. SLIM(Short

Cycle Time and Low Inventory Manufacturing)이라는 제조방식 명은 핵심전략을 담고 있기도 하지만 무엇보다 슬림이라는 이름이 전달하는 개념이 단순하고 강렬하여 마음에 들었다. 생산라인 내에서 생산이 진행 중인 웨이퍼를 재공이라고 한다. 재공감축과 공기단축이라는 큰 목표를 위해서 실제로 실행해야 하는 논리와 방법을 만들었다. 우선 재공을 줄여도 생산이 줄지 않을 최적의 재공, 적정재공을 이론적으로 산출해 내는 일이었다. 또한 이를 각 공정을 담당하는 관리자들에게 이해시키는 일도 필요했다. 적정재공 계산에는 이론적 틀에 현장의 경험에서 나온 편차와 고려사항을 담아 수식화하고 이를 몇 번의 가상 시뮬레이션으로 검증하는 과정을 진행했다. 이를 기반으로 각 공정에서 진행해야 하는 작업의 논리를 정의해주었다.

지금까지는 설비가 쉬지 않고 가동되는 게 목표였다면 이제는 현재 공정의 작업이 다음 공정에서 필요한 것인지 또한 어느 수준까지 작업하고 다른 제품으로 바꾸어야 되는지에 대해 계산해주고 그대로 작업하도록 했다. 그동안 자신의 생각대로 작업을 해오던 작업자에게 최적으로 계산된 작업지시를 내려주었다. 수리계획법이라는 전문 해법, 최적의 스케줄링 규칙 등에 대한 설계 및 분석을 진행하였고, 쉴 새 없이 전산팀은 규칙을 계산하고 최적의 지시를 내려야 했다. 전체 재공의 4~50% 이상을 가지고 있었던 포토공정에서도 가동률이 떨어지지 않도록 작업리스트를 제시하면서 SLIM-S라 명명하고 적정재공을 유지하는 것을 최우선이도록 했다. 포토공

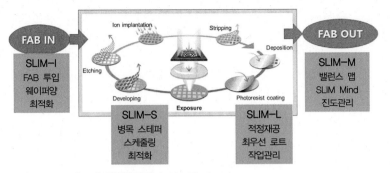

그림 10-2 반도체 생산물류관리 시스템: SLIM

정의 전 공정들은 현 공정보다 포토공정을 서비스한다는 관점에서 작업의 우선순위를 제공하여 이를 SLIM-L이라 명명했다. FAB 전체 재공을 관리하기 위하여 라인전체의 밸런스가 유지되도록 웨이퍼 투입을 관리하는 SLIM-I 관리방식을 제시하고 통제했다. 모든 공정에서는 적정재공 대비 현재의 재공 수준을 평가하는 밸런스 인덱스를 계산하고 라인전체가 동일목표로 관리되도록 SLIM-M을 운영하여 공정 간에 협력하고 라인전체가 하나의 개념으로 움직이도록 유도했다. 정 부장은 여름이 코앞에 닥친 6월이 되기까지 넉 달 동안 주말도 없이 일에 몰두했다. 처음에는 작업자의 생각과 달라 잘 따르지 않아 몇 주 동안은 시프트 조마다 현장의 작업자 100명씩 모아놓고 원리를 강의하고 설득하고 또한 경쟁하도록 유도하기도 했다.

가장 반발이 심했던 포토설비부장과의 논쟁과 설득은 가장 어려운 부분이었다. 포토설비를 담당하는 부장의 입장은 충분히 이해가 되었다. 그동안은 많은 재공, 즉 라인에 흘러가는 웨이퍼 박스가 많았기 때문에 포토설비 한 대에 할당된 공정 수가 적어도 동일한 공정을 오랫동안 진행하고 다른 공정을 진행할 수 있어서 공정교체도 적었으나 재공이 줄면서 공정교체도 많아지고 한 포토설비에 할당된 공정 수도 많아져서 품질문제, 설비유지관리 업무가 몇 배가 증가하고 이에 대한 모든 책임은 포토설비부장이 지고 있었다. 따라서 새로운 방식의 제조운영은 포토설비부장의 전적인 도움이 필요했다. 전략이 바뀌면서 모든 설비 담당부서가 업무진행관행과 규칙을 바꾸고 적응해갔다. 회사 일이 무엇이라고 이런 일로 이렇게 험악하게 싸워야 되나, 실망도 되고 그러면서도 공동목표가 있어 합의점을 만들어 가면서 자긍심도 생기고 몇 달 만에 몇 십 년 지기 친구처럼 되어가는 과정을 떠올려보면 우습기도 하다. 우여곡절 끝에 담당부장들을 설득하고 한편으로는 시행 후에 기대했던 것 이상의 결과가 나오면서 서로 신기해 하는 날들이 많아지면서 갈등도 점차 줄어들어갔다.

완전히 새로운 방식으로 제조라인이 돌아가기 시작했다. 네 달 동안 제조라인의 웨이퍼의 수량이 7만 장까지 내려갔다. 월간 생산량은 오히려 약간 늘어 5만 2천 장을 유지했다. 라인 내 모습은 천 장까지 쌓여있던 로트 박스묶음이 거의 보이지 않고 대부분 설비 내에서 작업이 진행되고 있는 박스 외에는 별로 눈에 띄지 않았다. 3라인의 혁신프로젝트 성공소식은 사장 뿐 아니라 그룹사 회장에게도 보고되었다. 3라인 건물 정문에 "7월 목표, 5만 장 재공, 30일 생산"이라는 플래카드가 붙었다. 3라인의 제조부장과는 그렇게도 논쟁이 많았는데 그랬던 제조부장이 직접 플래카드를 내걸고 달성하겠다고 하니 정 부장은 가슴이 먹먹할 수밖에 없었다. 4, 5, 6라인도 6월부터 바로 적용하기로 결정하고 3라인 프로젝트 팀은 각 라인별로 한 명씩 흩어져 팀을 만들고 리더가 되어 같은 일을 추진하기 시작했다. 사실 그동안 각 라인별로 진행해온 다양한 종류의 제조혁신 활동이 있었지만 3라인의 제조리드타임 단축활동 추진이 최우선으로 진행하도록 지시가 내려졌고 이 활동의 성과를 내도록 설비팀, 전산팀, 품질팀 모두 이 활동에 초점이 맞추어져 업무가 조정되었다. 다들 별도의 업무지시로 시큰둥했지만 반도체의 불문율처럼 여겨졌던 20만 장 재공이 7만 장으로 내려갔다는 사실에 신기함을 감추지는 못했다.

"산업공학은 무슨 기술이야? 전자공학도 아니고 재료공학도 아니고 그래도 기술은 기술인데 무슨 기술인가?" 3라인 제조부장이 늘 정 부장을 놀리는 말이다. 정 부장도 아직 어떻게 설명해야 할지 모른다. 각 기술을 통합하고 조정하는 기술이라고 할까? 경영기술이라고 할까? 사내에서 정 부장은 스타가 되어 있었다. 대부분의 제조에서는 산업공학의 기본 이론들이 적용되고 있었지만 유독 반도체 산업에는 아주 단순한 논리조차 적용되지 않고 있음에 정 부장은 입사 때부터 다소 놀랐고 한동안은 반도체 산업만의 특수성 때문이려니 생각했었다. 그러나 생산라인의 상황을 파악할수록 특수성이라는 것이 다 해결될 수 있는 수준이라는 확신이 들었다. 왜 반도체 산업은 산업공학의 불모지였을까 하는 궁금증이 있었는데 지금은 이해할 수 있었다. 반도체는 첨단기술 수준이 높아 반도체 기술의 전공자들이 대부분 제조라인 전반에서 일하고 있었고 그래서 개별 기술 수준은 높지만 전체를 관리하는 산업공학적 지식은 낮아 전체 관리에서는 문제가 많았다. 그래도 시장 상황이 좋아 생산되는 대로 팔렸기 때문에 여러 문제가 숨어서 드러나지 않았을 뿐이었다.

3라인의 제조운영방식을 4라인으로 확대하는 추진전략을 작성하느라 고민하고 있는데 인사부장이 불러서 본관 건물에 올라갔다. 사장 지시로 산업공학 전공자들을 라인마다 배치하라는 지시가 있었단다. 영업 부사장으로부터는 술을 사겠다는 연락을 받았다. 술이 약한 정 부장은 온갖 핑계를 대봤지만 마땅히 거절할 이유를 찾지 못했다. 영업 부사장의 술은 온 회사가 다 아는 술고래이다. 문제는 같이 술 먹는 사람도 그가 먹는 만큼의 반은 먹는다는 것이었다. 그래도 영업 부사장은 이 프로젝트의 불을 당겨 준 은인이어서 어떤 방법으로든 고맙다는 표시를 해야만 했다. 갑자기 관심의 대상이 되는 것도 정 부장에게는 익숙하지 않았다.

정 부장은 어느 날 늦은 점심을 사내 식당에서 혼자 먹게 되었다.

"어, 정 부장, 혼자네. 잠깐 이야기 좀 하자."

식사를 마치고 나가던 2라인 제조부장이 정 부장 옆에 앉는다. 2라인은 주문형 반도체를 생산하는 라인이다. 수익이 별로 나지 않는 제품을 생산하기에 본부로부터 관심이나 지원을 잘 받지 못하고 있었다.

"정 부장, 메모리 제품라인 방식이 우리 같은 주문형 반도체 생산에도 적용할 수 있나? 사실 생산 공기 줄여야 하는 것은 우리가 더 심각해. 우리는 제품마다 납기가 있고 이게 제일 중요한 목표야. 메모리야 생산목표달성이 중요하지만. 문제는 우리는 라인 내 흘러가는 제품이 100가지가 넘어. 메모리야 기껏 10가지 제품이지만."

"같을 수는 없지만 기본은 같다고 볼 수 있지요. 좀 더 정교한 관리규칙이 필요할 뿐입니다."

"시간되면 우리도 봐줘, 공식적으로 제조혁신팀에 요청해도 사람이 없어서 안 된대. 메모리 주력제품라인에 확산하는 것이 먼저래. 우리는 스스로 해결해야 되는데 가끔 와서 자문해줘."

"예, 알았습니다."

"그런데 산업공학 창시자가 제갈량이야? 무슨 듣도 보도 못한 내용을 반도체도 잘 모른다는 사람들이 해결해 내는거야?"

"아니에요, 산업공학은 20세기 시작한 학문이에요. 그리고 실제로 제일 중요한 것은 현장감각과 경험이 풍부한 사람들이 리드하고 진행하니까 생산운영 논리가 실현되는거지요."

최적 제조운영방식에 대한 사명감

반도체 시장의 상황이 공급과잉으로 바뀌면서 가격이 폭락했지만 짧아진 제조리드타임 때문에 시장이 요청하는 제품만 생산하게 되어 회사의 매출실적은 여전히 부동의 1위 자리를 지키고 있었고 순익은 경쟁회사보다 훨씬 앞섰다. 짧은 리드타임 생산방식은 후반부 조립라인까지 적용되었으며 이제는 명실공히 회사의 생산방식을 대표하는 브랜드가 되어 있다. 정 부장은 이 생산방식의 요점을 정리하여 해외 학술지에도 소개했다. 해가 바뀐 뒤로는 제조혁신 주제의 임원회의가 새로 신설되었다. 3라인의 박 상무가 연초부터 제조라인 총괄 전무로 승진하여 생산 진도관리 회의와 함께 회의를 주관하고 있다. 제조리드타임 단축 위주로 구성되었던 규칙이 설비관리와 품질문제가 연계되어 계속 진화 및 수정되어 가고 이제는 전산시스템 내에 프로그램화되어 자동으로 실행되도록 규칙을 정리하고 있다. 생산라인별로 제품의 구성과 품질수준이 달라 적절하게 조정하는 것이 쉽지 않은 일이었다. 작년에 미국에서 박사학위를 취득하고 입사한 심 과장, 국내대학 학부출신 구 대리와 매일 전쟁 같은 토론을 벌이고 있다. 조만간 공장장 김 부사장에게 SLIM 프로젝트의 전산자동화 실행건에 대해 보고할 날짜는 다가오는데 아직도 해법은 마음에 들지 않는다. 낮에는 라인에서 새롭게 시도되고 있는 혁신과제들에 대해 쉴 새 없이 문의가 요청되고 있다. 작년 말부터 산업공학 전공자들이 채용되고 있지만 반도체 공정을 이해하기까지는 앞으로도 한참은 더 걸릴 것이다.

제조총괄 박 전무는 정 부장이 넘지 못할 벽이다. 산업공학을 전혀 전공하지 않았는데도 감으로 기본적인 산업공학 논리를 설명하고 있다. 그게 산업공학의 가장 중요 이론인지도 모르고 더더욱 규칙의 이름도 모르면서 체계적으로 알고 있다. 어떤 방법인지는 몰라도 별도로 공부하고 있음이 분명하다고 생각하고 있다. 박 전무의 제조현장에 대한 풍부한 지식만 넘겨받을 수 있다면 뭐라도 할 수 있을 것 같지만 그것을 얻기에는 오랜 세월이 필요하다는 것을 너무나 잘 알고 있다. 그러나 정 부장은 제대로 시작한 제조혁신활동이 순조롭게 진행되어 반도체 산업에서 기술에서뿐 아니라 생산운영에서도 세계 최고가 되는 꿈을 가지고 있다. 이는 일본의 토요타 자동차 산업에서 토요타 생산방식을 만들었듯이 이 회사에서 세계 최고의 반도체 생산방식을 만드는 것이 산업공학 전공자로서 가장 중요한 사명이라고 믿고 있기 때문이다.

4차 산업혁명의 미래를 설계한다

2018년 12월 20일 1판 1쇄 펴냄 | 2020년 2월 10일 1판 2쇄 펴냄
지은이 대한산업공학회
펴낸이 류원식 | 펴낸곳 (주)교문사(청문각)

편집부장 김경수 | 본문편집 오피에스디자인 | 표지디자인 유선영
제작 김선형 | 홍보 김은주 | 영업 함승형 · 박현수 · 이훈섭

주소 (10881) 경기도 파주시 문발로 116(문발동 536-2)
전화 1644-0965(대표) | 팩스 070-8650-0965
등록 1968. 10. 28. 제406-2006-000035호
홈페이지 www.cheongmoon.com | E-mail genie@cheongmoon.com
ISBN 978-89-363-1800-0 (93530) | 값 13,500원